新世纪电工电子实验系列规划教材

电工基础实验

（第 2 版）

主　编　龚秋英

副主编　徐　伦　李桂安

东南大学出版社

·南京·

内 容 提 要

本书是根据高等学校理工科本科生的电路实验基本教学要求编写的。

全书分为3篇和附录。第1篇是电工实验的基础知识,第2篇是电工基础实验,第3篇是Multi-sim 10仿真实验。

本书基于理论与实践并重的思想,在内容的安排上不仅注重实验原理的阐述,同时注重对学生基础实验技能的训练,对综合性和设计性实验能力的培养。

本书可作为高等院校电气类、电子信息类、计算机类和机电一体化等专业本、专科学生电路实验教材,也可供工程技术人员参考之用。

图书在版编目(CIP)数据

电工基础实验/龚秋英主编. —2版. —南京:
东南大学出版社,2012.12
新世纪电工电子实验系列规划教材
ISBN 978 - 7 - 5641 - 3930 - 8

Ⅰ.①电… Ⅱ.①龚… Ⅲ.①电工试验—教材 Ⅳ.
①TM - 33

中国版本图书馆 CIP 数据核字(2012) 第 279206 号

电工基础实验(第 2 版)

出版发行	东南大学出版社	
出 版 人	江建中	
社　　址	南京市四牌楼 2 号	
邮　　编	210096	
经　　销	全国各地新华书店	
印　　刷	扬中市印刷有限公司	
开　　本	787 mm×1092 mm　1/16	
印　　张	12.5	
字　　数	320 千字	
版　　次	2009 年 2 月第 1 版　2012 年 12 月第 2 版	
印　　次	2012 年 12 月第 1 次印刷	
印　　数	1—3500	
书　　号	ISBN 978 - 7 - 5641 - 3930 - 8	
定　　价	28.00 元	

(本社图书若有印装质量问题,请直接与营销部联系。电话:025 - 83791830)

第 2 版前言

为适应 21 世纪高等学校培养应用型人才的战略,加强学生实践能力和创新能力的培养,电类各专业统一开设了电工电子系列基础实践教程。该系列基础实践教程主要由"电工基础实验"、"电工电子实习"、"模拟电子技术实验"、"数字电子技术实验"四门课程组成。本书为第一门课程的教材,其内容包括"电工实验的基础知识"、"电工基础实验"、"Multisim 10 仿真实验"三部分。

电工基础实验是很多专业的专业基础课,也是实践性很强的课程。本书在编写时,充分考虑学生的学习特点和应用型人才的培养要求,具有以下几个特点:

(1)成功的实验基于准确地测量和正确地使用实验仪器,考虑到目前学生的实际情况,介绍了电工实验中常用的电子元器件,测量仪表的基本知识,以及常用电工测量仪表、仪器的基本原理和使用方法。

(2)在实验的安排上,除含有传统的理论验证性内容以外,大部分实验都由浅入深、由易到难,从验证性的实验任务逐渐过渡到综合性的实验任务。一方面通过实验使学生的基本实验技能得到训练,另一方面促进学生对电路理论的理解。

(3)为了进一步让学生掌握理论与实践操作的联系,本书中每个实验都有详细的实验原理介绍。为了进一步提高实验的教学质量,开拓学生的思路,培养学生独立思考和分析问题的能力,本教材每个实验都编有"预习要求"和"思考题"。

(4)介绍用 Multisim 10 进行计算机仿真的方法,这为学生提供了一个新的、强有力的实验工具。它不仅可进行电路的仿真实验,还可进行后续的实验课程——电子技术的仿真实验。

本书由龚秋英、徐伦、李桂安 3 人共同编写,其中龚秋英编写第 1 篇,李桂安编写第 2 篇以及附录,徐伦编写第 3 篇,全书由龚秋英负责统编与定稿。电工电子实验中心的其他教师,在编写过程中给予了大力支持与帮助,并提出许多宝贵的意见,在此表示诚挚的感谢。

由于时间仓促以及编者的水平所限,书中难免有疏误之处,恳请广大读者提出批评与改进意见。

编　者
2012 年 9 月

实验室守则

(1) 在安排的实验时间内,必须准时到位,不得无故迟到、早退、旷课;迟到或早退超过5分钟均按旷课处理。

(2) 进入实验室后应保持安静,不得高声喧哗和打闹,不准抽烟、随地吐痰、乱抛纸屑杂物;不准在实验室就餐、吃零食、喝饮料等,保持室内整齐清洁,违者按学校有关规定处理。

(3) 实验前必须认真预习实验指导书,明确实验目的、步骤、原理,回答实验老师的提问。回答不合要求,教师有权中止该生的实验或重新预习后方可进行实验。

(4) 做实验时必须严格遵守实验室的规章制度和仪器设备的操作规程,服从教师的指导。

(5) 爱护仪器设备,节约使用材料;使用前详细检查,使用后要整理就位,发现丢失或损坏应立即报告。未经许可不得使用与本实验无关的仪器设备及其他物品,不准将实验室内任何物品带出室外。

(6) 实验时必须注意安全,防止人身和设备事故的发生。若发现异常现象应立即切断电源,及时向指导教师报告,并保护现场,不得自行处理,待指导教师查明原因排除故障后,方可继续实验。

(7) 实验内容完成后,应主动请指导教师检查实验结果,经认可后才算完成。实验后必须认真完成实验报告,并在一周内由学习委员收齐交给指导教师。

(8) 实验结束后,切断本组电源,整理好所用的仪器、工具、台板和器材,保持室内整洁,经指导教师检查合格后方可离开,否则按早退处理。

(9) 对违反实验规章制度和操作规程、擅自动用与本实验无关的仪器设备、私自拆卸仪器而造成事故和损失的,肇事者必须写出书面检查,视情节轻重和认识态度按章予以纪律和经济处罚。

目　　录

第1篇　电工实验的基础知识

1.1　电工实验须知

1.1.1　实验目的和要求

理论教学和实验教学是对同一学科进行学习、研究的两个重要教学环节,即两者任务一致,只是教学手段不同而已。前者通过理论分析和科学计算对教学内容进行学习、研究;后者则通过科学实验和测试技术对教学内容进行学习、研究。

电路实验教学是电路课程教学的重要组成部分,是培养学生科学精神、独立分析问题和解决问题能力的重要环节。通过必要的实验技能训练和验证性实验,使学生将理论与实践相结合,巩固所学知识。通过实验培养有关电路连接、电工测量及故障排除等实验技巧,学会掌握常用仪器仪表的基本工作原理、使用与选择方法。在实验测量中学习数据的采集与处理、各种现象的观察与分析。随着计算机应用的广泛普及,电路的计算机辅助分析成为电路理论分析的重要组成部分。所以利用计算机对电路性能进行分析和仿真成为培养电气工程技术人员必需的基本训练。总之,电路实验课及电路仿真训练可为今后从事工程技术工作、科学研究以及开拓技术领域工作打下坚实的基础。

为了使每堂实验课都能达到预期的教学效果,每个参加实验的学生都必须十分明确如下事项。

1) 实验目的

每个实验项目都有其各自的实验目的,其主要内容可以归纳为:

(1) 用实验的方法来验证电路基本理论,以巩固和加深对电路基本理论的学习和理解。

(2) 学习并掌握本实验所涉及的各种仪器、仪表的正确使用方法及其主要的技术性能。

(3) 训练实验技能,逐步熟练实验操作,学会分析实验现象和实验结果,养成严谨的科学作风和良好的实验习惯。

2) 实验要求

通过电路实验课,学生在实验技能方面应达到下列要求:

(1) 正确使用万用表、电流表、电压表、功率表等常用的一些电工仪表。初步掌握实验中用到的函数信号发生器、示波器、稳压电源、交流毫伏表等电子仪器和电工实验装置的使用方法。

(2) 根据各个实验的要求,学会按电路图连接实验电路。要求做到连线正确、布局合理、测试方便。

(3) 能够认真观察和分析实验现象,运用正确的实验手段,采集实验数据,绘制图表、曲线,科学地分析实验结果,正确书写实验报告。

（4）正确的运用实验手段来验证一些定理和理论。

（5）对设计性实验，要根据实验任务，在实验前确定实验方案、设计实验电路，实验验证时正确选择仪器、仪表、元器件，并能独立完成实验要求的内容。

（6）了解仿真软件，利用 Multisim 软件所提供的元件来搭制模拟电路。通过 Multisim 软件所提供的测量仪器仪表来观察电路现象，由此来提高实验分析和研究的能力。

1.1.2　实验操作程序

实验操作程序一般分为实验预习、实验过程、编写实验报告三个阶段。

1）实验预习

实验能否顺利进行并达到预期的效果，取决于学生是否能认真预习和做充分准备。故课前预习一定要做到：

（1）认真阅读实验指导书和复习相关理论，明确实验目的、任务，了解实验原理以及具体实验内容和要解决的问题、需观察的现象、测量哪些数据，明确采用的方法和正确的操作步骤等。

（2）尽可能熟悉仪器、仪表、设备的工作原理和技术性能，以及正确使用的方法、条件及使用中应注意的问题。

（3）设计好实验待测数据的记录表格，并预先计算出待测量的理论数值。计算值作为仪器、仪表量程选择的依据，又可在实验中与测量值进行比较。

2）实验过程

实验课为每位学生提供了一个综合能力培养的机会，只要每个学生认真参与，按要求进行实验操作，则每次实验都会有收获。千万不要抄袭别人的数据和结论，简单走过场。如果一次实验没能成功，应该重做。

实验过程具体要做到：

（1）在预习的基础上认真听老师的讲解，明确实验内容及方法，特别要注意测试条件及有关安全事项的讲解。千万不要不懂装懂，造成不应该发生的人身及设备的安全事故。

（2）使用仪器、仪表核对量程及技术指标，对各种可调电源应从最小值往上调。电子仪器(如示波器、函数信号发生器及交流毫伏表等)应先进行通电预热和检查。

（3）按实验要求连接线路。接线时，按照电路图先接主要串联电路(由电源的一端开始，顺次而行，再回到电源的另一端)，然后再连接分支电路，应尽量避免同一端上接很多导线。连线完毕后，先自查无误，才能接通电源。按照实验指导书上实验步骤进行操作，注意观察各表计和指示是否正常，如果有异常应立即断电检查，待排除故障后重新继续实验。数据记录在事先准备好的统一的预习报告纸上，要尊重原始记录，实验后不得涂改。

（4）完成全部规定的实验内容后，不要先急于拆除线路，应先自行核查实验数据，有无遗漏或不合理的情况，再经老师复查，对老师指出的错误应及时进行纠正、验收后方可拆线。

拆除实验线路时，一定要先断电，再拆线。最后做好仪器设备、桌面、环境清洁的管理工作，经老师同意后方可离开实验室。

3）编写实验报告

实验报告是实验工作的全面总结，是在实验的定性观察和定量测量后，对数据进行整理和分析,去伪存真、由此及彼地对实验现象和结果得出正确的理解和认识,对提高学习能力和工作能力是十分重要的。实验报告的书写要求:

(1) 实验报告的编写,要求文理通顺、简明扼要、字迹端正、图表清晰、分析合理、结论正确。书写格式要规范化,需要用统一的实验报告用纸和封面。

(2) 实验中的故障应有记录,并在报告中要写明故障现象、分析产生的原因,以及排除的措施和方法。

(3) 当需要在报告中画波形图和曲线时,必须要选用统一要求的坐标纸,并且在图上要标出相应的数据。

4) 实验报告格式

实验报告的格式和内容包括以下几个方面:

(1) 实验报告封面

实验名称:　　　　　　　　　实验日期:

实验组别:　　　　　　　　　班级:

实验者:　　　　　　　　　　学号:

(2) 实验报告内容

实验目的:

实验设备:仪器、仪表及设备的名称及规格。

实验原理:简要说明实验相关原理、图示等。

实验内容与实验电路图:学生可按教师指定的内容及实验指导书上的要求来编写,也可以由学生根据实验原理自行确定步骤及方案来撰写。

实验数据及处理:根据实验原始记录和实验数据处理要求整理实验数据。实测数据要注意有效数字及单位,如是计算数据,必须先列出所用公式,随后填入相应测定值,计算出结果。绘制的曲线图,应按规定的要求绘制。此外,实验原始记录数据(经实验指导教师验收签字)要附在实验报告后。

实验结果分析、总结、收获体会、意见和建议。

回答思考问题。

1.1.3　实验安全和实验故障分析

1) 实验安全

实验安全包括人身安全和设备安全。要求切实遵守实验室各项安全操作规程,以确保实验过程中的安全。应特别注意以下几个方面:

(1) 不得擅自接通电源。

(2) 不得触及带电部分,遵守"先接线后通电源,先断电源后拆线"的操作程序。

(3) 发现异常现象(声响、发热、焦臭味等)应立刻断开电源,并及时报告指导教师检查。

(4) 注意仪器设备的规格、量程和操作规程,不了解性能和用法时不得随意使用该设备。

2) 实验故障分析

在电路实验中,不可避免的会出现各种各样的故障现象,实验电路故障的检查与排除是实验课程中一个重要内容。怎样才能从一个完整电路的大量元件和电路中迅速、准确地找出故障,这就需要掌握电路故障的基本理论和正确的故障检查、排除的方法。下面介绍实验故障分析和排除的方法。

一般故障原因分析:

(1) 电路连接点接触不良,导线内部断线。

(2) 元器件、导线裸露部分相碰造成短路。

(3) 电路连接错误。

(4) 测试方法错误。

(5) 元器件参数不合适。

(6) 仪表或元器件损坏。

一般故障排除步骤:

(1) 出现故障应及时切断电源,避免故障扩大。

(2) 根据故障现象,判断故障性质。

故障一般可分两大类:一类属破坏性故障,可使仪器、设备、元器件等造成损坏,其现象常常是出现烟、味、声、热等;另一类属非破坏性故障,其现象是无电流、无电压或电流、电压的数值不正常,波形不正常等。

(3) 根据故障性质,确定故障的检查方法。对破坏性故障,不能采用通电检查的方法,应先切断电源,然后用欧姆表检查电路的通断,有无短路、断路或阻值不正常等。对非破坏性故障,可采用断电检查,也可采用通电检查。通电检查主要是用电压表,检查电路有关的电压是否正常,或采用两者相结合的方法。

(4) 故障检查。进行故障检查时首先应了解电路各部分在正常情况下的电压、电流、电阻值等量值,然后才可用仪表进行检查,逐步缩小产生故障的区域,直到找出故障所在的部位。

(5) 对查找到的故障进行彻底排除。如果是连接错误,只需进行重新连接;如果是破坏性故障,则必须重新正确地连接线路,并对已损坏的元器件及设备进行更换,然后继续实验操作。

1.2　常用电工元器件介绍

任何电路都是由元器件构成的。熟悉和掌握各类元器件的性能、特点、适用范围等,对产品的分析、设计、制造有着十分重要的作用。本章将对电阻器(简称电阻)、电位器、电容器(简称电容)、电感器(简称电感)等常用元器件作简单介绍。

1.2.1　电阻器

电阻器是电路中最常用的元器件。电阻器是耗能元件,在电路中主要用作为分流、限流、分压、降压、负载和阻抗匹配等。

1) 符号和种类

电阻器在电路图中用字母 R 表示,常用的图形符号如图 1.2.1 所示。

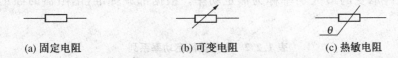

(a) 固定电阻　　　　　(b) 可变电阻　　　　　(c) 热敏电阻

图 1.2.1　电阻器的图形符号

电阻器的种类很多,按制造工艺和材料,可分为线绕和非线绕两大类。

非线绕电阻器又分为:① 薄膜型,如碳膜(RT)、金属膜(RJ)、金属氧化膜(RY)、合成膜(RH)电阻器等;② 合成型,如有机实心(RS)、无机实心(RN)电阻器。

按照用途,电阻器又可分为普通型、精密型、高频型、高压型、高阻型、敏感型(热敏、压敏)和无引线片式电阻器等。

常用固定电阻的外形如图 1.2.2 所示。

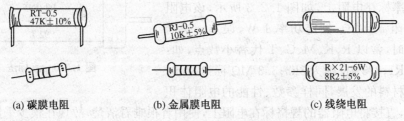

(a) 碳膜电阻　　　　　(b) 金属膜电阻　　　　　(c) 线绕电阻

图 1.2.2　常用固定电阻器的外形图

2) 主要技术参数

电阻器的主要技术参数有标称阻值、允许误差(精度等级)、额定功率等。

(1) 标称阻值

电阻器表面所标注的阻值叫标称阻值。不同精度等级的电阻器,其阻值系列不同。国家规定的标称阻值系列见表 1.2.1。

表 1.2.1　电阻器标称阻值系列

标称阻值系列	允许误差	精度等级	电阻器标称阻值
E6	±20%	Ⅲ	1.0　1.5　2.2　3.3　4.7　6.8
E12	±10%	Ⅱ	1.0　1.2　1.5　1.8　2.2　2.7　3.3　3.9　4.7　5.6　6.8　8.2
E24	±5%	Ⅰ	1.0　1.1　1.2　1.3　1.5　1.6　1.8　2.0　2.2　2.4　2.7 3.0　3.3　3.6　3.9　4.3　4.7　5.1　5.6　6.2　6.8　7.5 8.2　9.1

表中阻值单位为欧姆(Ω),使用时将表列数值乘以 10^n(n 为整数)。

(2) 允许误差

允许误差是指电阻器的实际阻值相对于标称阻值的允许最大误差范围,表明电阻器的阻值精度。普通电阻器的误差有±5%、±10%、±20%三个等级。精密电阻器的允许误差分为±2%、±1%、±0.5%、…、±0.001%等十几个等级。

(3) 额定功率

电阻器通电工作时,本身要发热,如果温度过高会将电阻器烧坏。在规定的环境温度下,电阻器允许承受的最大功率称为额定功率。根据部颁标准,电阻器的额定功率系列见表1.2.2。

表 1.2.2　电阻器额定功率系列

类　别	额定功率系列(W)
线绕电阻	0.05　0.125　0.25　0.5　1　2　4　8　12　16　25　40　50　75　100 150　250　500
非线绕电阻	0.05　0.125　0.25　0.5　1　2　5　10　25　　50　　100

3) 规格的标示法

(1) 直标法

直标法是直接将电阻的类型、标称阻值、允许误差和额定功率标在电阻上,如图 1.2.3 所示,该电阻为金属膜电阻 510 kΩ,额定功率 1 W,误差 ±5%。当遇有小数时,常以 R、K、M、G、T 代替小数点,如:0.1 Ω 标为 R1;3.3 kΩ 标为 3k3;3.3 MΩ 标为 3M3。但由于电工材料的发展,同样参数、性能的电阻体积

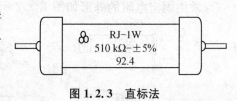

图 1.2.3　直标法

却大大减小,直接将电阻器的规格标在电阻上,使用者很难看清楚,故现在很少采用该方法。

(2) 色环标示法

小功率电阻器尤其是 0.5 W 以下的电阻器,大多数采用色环表示法。色环分有三环、四环、五环三种,其含义如图 1.2.4 所示。

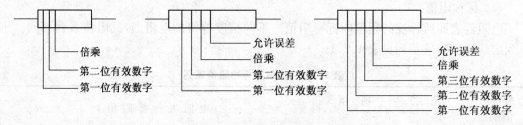

图 1.2.4　电阻器色环的表示含义

距离电阻端面近的色环为第一环。各环颜色所代表的意义见表1.2.3。如某一电阻的色环为棕、红、红,则这个电阻的阻值为 1 200 Ω,误差为 ±20%(三色环表示法,误差均为 ±20%,不标出)。设某一电阻的色环为棕、紫、绿、金、棕,则这个电阻的阻值为 17.5 Ω,允许误差为 ±1%。为区分五环电阻的色环顺序,第五色环的宽度比另外四环要大。

表 1.2.3　色标所代表的意义

颜　色	有效数字	乘　数	允许误差(%)	工作电压(V)
银　色	—	10^{-2}	±10	—
金　色	—	10^{-1}	±5	—
黑　色	0	10^{0}	—	4
棕　色	1	10^{1}	±1	6.3

颜 色	有效数字	乘 数	允许误差(%)	工作电压(V)
红 色	2	10^2	±2	10
橙 色	3	10^3	—	16
黄 色	4	10^4	—	25
绿 色	5	10^5	±0.5	32
蓝 色	6	10^6	±0.2	40
紫 色	7	10^7	±0.1	50
灰 色	8	10^8	—	63
白 色	9	10^9	+5~—20	—
无 色	—		±20	

4) 电阻器的测量

电阻器的阻值及误差无论是直标还是色标,一般出厂时都标好了。若需要测量电阻器的阻值,通常用万用表的欧姆挡。用指针式万用表欧姆挡时,首先要进行调零,选择合适的挡位,使指针尽可能指示在表盘中部,以提高测量精度。如果用数字万用表测量电阻器的阻值,其测量精度要高于指针式万用表。对于高阻值电阻器,不能用手捏着电阻的引线两端来测量,以防止人体电阻与被测电阻并联,使测量值不准确。对于低电阻值的电阻器,要将引线刮干净,保证表笔与电阻引线良好接触。对于高精度电阻可采用电桥进行测量,对于高电阻值低精度的电阻器可采用兆欧表进行测量。

1. 2. 2 电位器

电位器有三个引出端,其中一个是滑动端,两个是固定端,滑动端可以在两个固定端之间的电阻体上滑动,使其与固定端之间的电阻值发生变化。在电路中,电位器常用作为可变电阻或分压器。

1) 符号和种类

电位器在电路中用字母 R_P 表示,其图形符号如图 1.2.5 所示。

与电阻器一样,按所用材料不同,电位器可分为线绕和非线绕电位器两大类。非线绕电位器又分为碳膜、金属膜、金属氧化膜、合成碳膜、有机实心、无机实心电位器等。

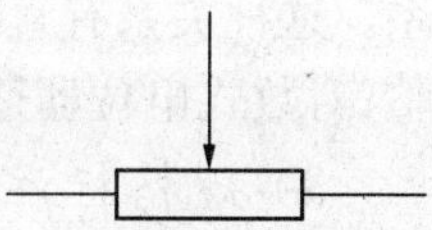

根据结构不同,电位器又可分为单圈、多圈、单联、双联和多联电位器;又分带开关、不带开关以及锁紧和非锁紧式电位器。

电位器的结构和常见电位器外形图如图 1.2.6 所示。

图 1.2.5 电位器的图形符号

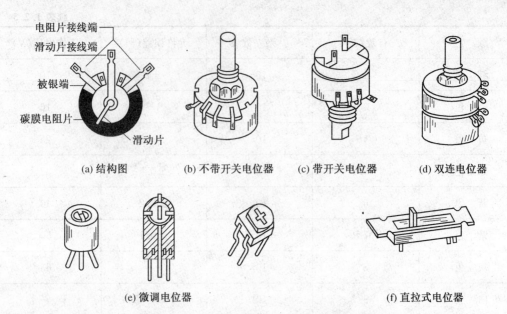

图 1.2.6　电位器结构图及常见电位器外形图

2) 主要技术参数

电位器的主要技术参数有:标称阻值、允许误差、额定功率和阻值变化规律等。

(1) 标称阻值和允许误差

电位器的标称阻值系列和电阻器的标称系列相同。允许误差范围为±20%、±10%、±5%、±2%、±1%,精密电位器的允许误差可达到±0.1%。

(2) 额定功率

电位器的额定功率是指两个固定端之间允许耗散的最大功率。电位器的额定功率见表 1.2.4。

表 1.2.4　电位器的额定功率

类　型	额定功率(W)										
线绕电位器	0.05	0.15	0.25	0.5	1	2	5	10	25	50	100
非线绕电位器	0.025	0.05	0.1	0.25	0.5	1	2	3			

(3) 阻值变化规律

电位器的阻值变化规律是指其阻值与滑动片触点旋转角度(或滑动行程)之间的变化关系。这种关系有直线式、对数式和指数式。在使用中,直线式电位器适用于分压、偏流的调整;对数式电位器适用于音调控制和电视机对比度调整;指数式电位器适用于做音量控制。

3) 规格标注方法

电位器一般都采用直标法,其类型、阻值、额定功率及误差都直接标在电位器上。电位器类型标志符号见表 1.2.5。

表 1.2.5　电位器类型标志符号

标志符号	类　型	标志符号	类　型
WT	碳膜电位器	WS	有机实心电位器
WH	合成碳膜电位器	WI	玻璃釉电位器
WN	无机实心电位器	WJ	金属膜电位器
WX	线绕电位器	WY	氧化膜电位器

4）电位器的测量

根据电位器的标称阻值大小适当选择万用表欧姆挡的挡位,测量电位器两固定端的电阻值是否与标称值相符,如果万用表指针不动,则表明电阻体与其相应的引出端断了。若万用表指示的阻值比标称阻值大许多,表明电位器已坏。

测量滑动端与任一固定端之间阻值变化时,开始时最小值越小越好,慢慢移动滑动端,如果万用表指针偏转平稳,没有跳动和跌落现象,表明电位器电阻体良好,滑动接触可靠。当滑动端移到极限位置时,电阻值为最大并与标称值一致,说明此电位器是好用的。

1.2.3　电容器

电容器是由两个金属电极,中间夹有一层绝缘电介质构成的。电容器是储能元件,在电路中具有隔断直流、通过交流的作用,可完成滤波、旁路、级间耦合以及与电感线圈组成振荡回路等用途。

1）符号和种类

电容器在电路中用字母 C 表示,常用的图形符号如图 1.2.7 所示。

电容器的种类很多,按电容器能否调节,可分为固定电容器和可变电容器两大类。根据介质材料的不同,又可分为：① 有机介质电容器,如纸介质(CZ)、纸膜复合介质(CH)、薄膜介质(CB)电容器等；② 无机介质电容器,如云母(CY)、陶瓷(CC)、玻璃釉(CI)电容器等；③ 气体介质电容器;如空气、真空、充气式电容器等；④ 电解电容器,如铝电解(CD)、钽电解(CA)、铌电解(CN)电容器等。常见电容器的外形见图 1.2.8 所示。

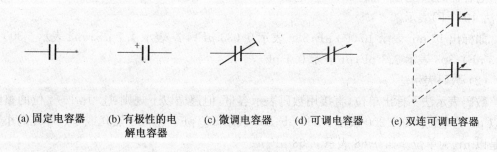

(a) 固定电容器　　(b) 有极性的电　　(c) 微调电容器　　(d) 可调电容器　　(e) 双连可调电容器
解电容器

图 1.2.7　电容器的图形符号

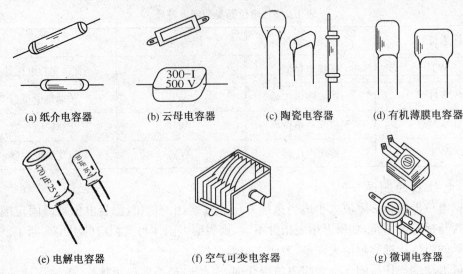

(a) 纸介电容器　　(b) 云母电容器　　(c) 陶瓷电容器　　(d) 有机薄膜电容器

(e) 电解电容器　　　　(f) 空气可变电容器　　　　(g) 微调电容器

图 1.2.8　常见电容器的外形图

2) 主要技术参数

电容器的主要技术参数有标称容量和允许误差、额定工作电压(耐压)、绝缘电阻(漏电阻)。

(1) 标称容量和允许误差

标在电容器外壳上的电容量数值为标称容量,电容器的标称系列和电阻器的相同。允许误差常用的有Ⅰ级($\pm5\%$)、Ⅱ级($\pm10\%$)和Ⅲ级($\pm20\%$)。电解电容的容量误差较大。

(2) 额定工作电压

额定工作电压是指电容器在电路中长期可靠工作时所允许的最高直流电压。

(3) 绝缘电阻

绝缘电阻是指电容器两电极间的电阻,也称为漏电阻。绝缘电阻的大小取决于电容器的介质性能。电容器的绝缘电阻越大,则漏电流越小,性能越好。

3) 规格标注方法

(1) 直标法

直标法是直接在电容器的表面标注出标称容量、允许误差和额定工作电压。

电容器的单位用F(法拉)、mF(毫法 10^{-3}F)、μF(微法 10^{-6}F)、nF(纳法 10^{-9}F)和pF(皮法 10^{-12}F)表示。

如标出 10 mF 表示 10 000 μF;33n 表示 0.033 μF;4μ7 表示 4.7 μF;5n3 表示 5 300 pF(5.3 nF);3p3 表示 3.3 pF;p1 表示 0.1 pF。

(2) 数码表示法

数码表示法不标出单位,直接用数码表示容量,但遵循以下规则:① 凡 1~4 位的整数,是以 pF 为单位。如 2 200 表示 2 200 pF;360 表示 360 pF。② 凡零点几或零点零几的小数,则是以 μF 为单位。如 0.68 表示 0.68 μF。

也有用 3 位数码表示容量,单位为 pF,前两位数是容量的有效数字,后一位数不是 0,它是表示有效数字后零的个数。如 103 表示 10 000 pF;104 表示 0.1 μF(100 000 pF);472 表示 4 700 pF。表示"0"个数的第 3 位数字最大只到 8,若为 9 时,则表示 10^{-1},如 339 表示 33

$\times 10^{-1}$ pF＝3.3 pF。

（3）色标法

色标法是用不同色点或者色带在电容器外壳上标注出电容量和允许误差的方法,方法同电阻器色标法,单位为 pF。

4）电容器的测量

利用万用表(指针式)欧姆挡可以检查电容器是否有短路、断路或漏电等情况。具体方法是:电容量大于 100 μF 的电容器用 R×100 挡测量,电容量在 1～100 μF 之间的电容器用 R×1k 挡测量,1 μF 以下的电容器用 R×10k 挡测量。若指针向右偏转,再缓慢返回,返回位置接近无穷大,说明该电容器正常。指针稳定时的读数为电容器的绝缘电阻,阻值越大,漏电越小。若指针向右偏转,指示接近于零欧,且不返回,则说明该电容器已击穿。若指针不偏转,说明该电容器开路(0.01 μF 以下的小电容,指针偏转极小,不易看出,需用其他仪器测量)。这里还需要指出,电解电容器是有极性电容(在使用时电容器的正极应接高电位端,负极接低电位端),当万用表黑表笔(接万用表内附电池的正极)接电解电容器的正极、红表笔接负极时测得的绝缘电阻比黑表笔接电解电容器的负极、红表笔接正极时的大,电解电容器使用时极性不能搞错,搞错会导致电容器损坏。

目前质量较好的数字万用表都有测量电容器的功能,可以方便地用以检测电容器,准确的测量电容器需要采用专用测量电容器的电桥。

1.2.4　电感器

电感器是依照电磁感应原理,由绝缘导线(如漆包线,纱包线)绕制而成。电感器与电容器一样,也是储能元件。电感器在电路中具有通直流阻交流的作用,它广泛地应用于调谐、振荡、耦合、滤波、均衡、延时、匹配、补偿等电路。

1）符号和种类

电感器(一般称电感线圈)在电路图中用字母 L 表示,常用的图形符号如图 1.2.9 所示。

空心电感线圈　　　磁心电感线圈　　　磁心可调电感线圈　　　铁心电感线圈

图 1.2.9　电感线圈的图形符号

电感器的种类也很繁多,按电感量是否可调,电感器可分为固定、可变和微调电感器。电感器按结构又可分为空心线圈、磁心线圈和铁心线圈。按工作频率来分有高频、中频、低频电感器。此外,还可按电感器的用途来分类。常见电感器的外形见图 1.2.10 所示。

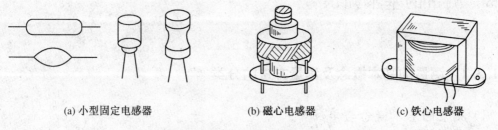

(a) 小型固定电感器　　　　　(b) 磁心电感器　　　　　(c) 铁心电感器

图 1.2.10　常见电感器的外形图

2) 主要技术参数

电感器的主要技术参数有电感量、允许误差、品质因数和额定电流等。

(1) 电感量

电感量是电感线圈的一个重要参数，其基本单位是 H(亨利)，常用的单位还有 mH(毫亨)和 μH(微亨)，$1\ H=10^3\ mH=10^6\ \mu H$。

电感量的大小与电感线圈的匝数、几何尺寸，以及线圈内部有无铁心、磁心有关。

(2) 品质因数

品质因数是表示电感器质量的因数，常用 Q 来表示，它是指电感器在某一频率的交流电压下工作时电感器的感抗和电阻的比值，

即
$$Q=\frac{\omega L}{R}=\frac{2\pi fL}{R}$$

式中，L 为电感量，R 为电阻，f 为交流电频率，ω 是角频率。

通常品质因数 Q 越大越好。

(3) 额定电流

额定电流是指电感器正常工作时允许通过的最大电流。若电感器的工作电流超过额定电流，电感器会因发热致使参数改变，严重时会烧毁。

3) 规格标注方法

(1) 直标法

在小型电感器的外壳上直接标出电感器的电感量、误差等参数值。

(2) 色标法

在电感器的外壳上标有不同的色环，用来标注其主要参数。标注方法和色环电阻相同，其单位为 mH。

(3) 三位数码表示法

电感量用三位数码来表示，前两位表示电感量的有效数字，第三位数字表示 0 的个数，小数点用 R 表示，单位为 μH。如 102 表示 1 000 μH，151 表示 150 μH，100 表示 10 μH，R68 表示 0.68 μH。

4) 电感器的测量

准确地测量电感器的电感量 L 和品质因数 Q，需要用专门测量电感的电桥来进行。

一般可用万用表 R×1 或 R×10 挡测量电感器的阻值 R，并与其技术指标相比较，若阻值比规定的阻值小得多，则说明存在有局部短路或者严重短路情况；若阻值很大，或指针不动，则表示电感器断路。

1.3 测量的基本知识

1.3.1 测量的基本概念及测量方法的分类

1) 测量的基本概念与单位

(1) 测量的概念

　　测量是人们对自然界中的客观事物取得数量的一种认识过程。在这一过程中，人们借助专门的设备，通过实验的方法，把被测量的量与其同类的习惯上作为测量单位的量进行比较，以求出被测量的大小。因此，测量的过程实质上是一种比较的过程。测量的结果通常可用两部分表示：一部分是数字值；另一部分是测量单位的名称。

　　测量电量(如电流、电压、功率、相位、频率、电阻、电容及电感)的指示仪表，称为电测量指示仪表。它们不仅可以用来测量各种电量，而且经过相应变换器的转换，还可以用来间接测量各种非电量(如温度、湿度、速度、压力等)。又由于电测量指示仪表具有制造简单、成本低廉、稳定性和可靠性高及使用维修方便等优点，因此被广泛应用于科学技术领域和各种工程测量中，是基本的测量工具。

　　(2) 测量的单位

　　国际上统一的测量单位制，以实用单位制为基础，命名为国际单位制(SI)。国际单位制的基本单位有七个，即长度单位：米(m)；质量单位：千克(kg)；时间单位：秒(s)；电流单位：安培(A)；热力学单位：开尔文(K)；光强单位：坎德拉(cd)；物质的量单位：摩尔(mol)。

　　此外，在国际单位制中，还有两个便于引出有关单位而定义的辅助单位，即平面角单位：弧度(rad)；立体角单位：球面度(sr)。

　　另外，电路分析中常常用到的国际制单位见表 1.3.1。

表 1.3.1　电工测量常用的国际制单位

量	单位名称	代　号	
		中　文	国　际
电流	安培	安	A
电压	伏特	伏	V
功率	瓦特	瓦	W
频率	赫兹	赫	Hz
电阻	欧姆	欧	Ω
电感	亨利	亨	H
电容	法拉	法	F
时间	秒	秒	s

　　在实际使用中，有时感到单位太大或者太小，便在这些单位中加上表 1.3.2 所示词冠，用以表示这些单位被一个以 10 为底的正次幂或者负次幂相乘后所得到的辅助单位。

表 1.3.2　各单位前词冠的含义

词　冠	代　号		因　数
	中　文	国　际	
吉咖(giga)	吉	G	10^9
兆(mega)	兆	M	10^6
千(kilo)	千	k	10^3
毫(milli)	毫	m	10^{-3}

词 冠	代 号		因 数
	中 文	国 际	
微(micro)	微	μ	10^{-6}
纳诺(nano)	纳	n	10^{-9}
皮可(pico)	皮	p	10^{-12}

2)测量方法的分类

(1)根据获得测量结果的不同方式,分为直接测量法、间接测量法和组合测量法。

① 直接测量

将被测量与作为标准的量直接比较,或用事先刻度好的测量仪表进行测量,从而直接测得被测量的数值,这种测量方法称为直接测量。例如,用电流表测量电流、用直流电桥测量电阻、用数字频率计测频率等。

② 间接测量

测量中,通过对与被测量有一定函数关系的几个量进行直接测量,然后再按这个函数关系计算出被测量的数值,这种测量方式称为间接测量。例如,测量电阻时,可用电压表测出该电阻两端的电压,用电流表测出流过它的电流,然后根据欧姆定律 $R=U/I$,求出被测量电阻的值。

间接测量常常用于被测量缺少直接测量条件,直接测量法不方便,或者使用直接测量法误差大等情况。

③ 组合测量

这种测量方式是在直接测量和间接测量所得到的实验数据基础之上,通过联立求解各函数关系方程,从而求出被测量的大小。例如,利用标准电阻的电阻值与温度之间的如下关系,测量标准电阻温度系数 α 和 β:

$$R_t = R_{20}[1+\alpha(t-20)+\beta(t-20)^2]$$

式中：t——摄氏温度；

R_t——温度 t 时的电阻值；

R_{20}——温度 20℃时的电阻值；

α、β——标准电阻的温度系数。

因此,可在 20℃、t_1、t_2 这三个温度下,分别测出对应的三个电阻值 R_{20}、R_{t1}、R_{t2},然后求解下列方程组

$$R_{t1} = R_{20}[1+\alpha(t_1-20)+\beta(t_1-20)^2]$$
$$R_{t2} = R_{20}[1+\alpha(t_2-20)+\beta(t_2-20)^2]$$

即可得到标准电阻的电阻温度系数 α 和 β。

(2)根据获得测量结果数值的方法,分为直读测量法和比较测量法。

① 直读测量法(直读法)

用直接指示被测量的数值的指示仪表进行测量,能够直接在仪表上读取读数,这种测量方法成为直读法。在直读法的测量过程中,度量器不直接参与作用。例如用欧姆表测量电阻时,没有直接使用标准电阻与被测量的电阻进行比较,而是直接根据欧姆表指针在欧姆标

尺上的位置读取被测电阻数值。在这种测量过程中,标准电阻间接地参与作用,因为欧姆表的标尺是事先经过"标定"的。此外,用电流表测量电流、用电压表测量电压等都是直读法测量的例子。用直读法进行测量虽测量过程简单,操作容易,然而准确度不太高。

②　比较测量法(比较法)

将被测量与度量器通过较量仪器进行比较,从而测量被测量数值的方法称为比较法。在比较法中,度量器是直接参与作用的。例如,用天平测量物体质量的方法就是一种比较法。在测量过程中,作为质量度量器的砝码始终参与使用。用比较法测量可以得到较高的测量准确度,但测量操作比较麻烦。

根据被测量与标准量进行比较时的不同特点,又可将比较法分为平衡法、微差法和替代法。

a.　平衡法(零值法)。在测量过程中,连续改变标准量,使它产生的效应与被测量产生的效应相互抵消或平衡,这种方法称为平衡法。由于在平衡时指示器指零,所以又称为零值法。用电桥和电位差计进行测量就是应用平衡法原理。

b.　微差法(差值法)。如果在平衡法过程中,被测量与标准量不能平衡或标准量不便调节,则用测量仪器测量二者的差值或正比于差值的量,进而根据标准量的数值确定被测量的大小,这种方法就称为微差法。

c.　替代法。将被测量与标准量分别接入同一测量装置,在标准量替代被测量的情况下调节标准量使测量装置的工作状态保持不变,从而可以用标准量的数值来确定被测量的大小,这种方法就称为替代法。

(3)　根据测量条件,分为等精度测量和非等精度测量。

①　等精度测量:是指在同一(相同)条件下进行的多次测量,等精度测量每次测量的可靠程度相同。

②　非等精度测量:每次测量的条件不同(测量仪器改变或测量方法、条件改变),非等精度测量的可靠程度也不相同。

(4)　选择测量方法的原则。

根据被测量本身的特性、所需要的精确程度、环境条件及所具有的测量设备等因素,综合考虑,选择合适的测量方法。只有选择正确的测量方法,才能使测量得到精确的测量结果;否则,可能会出现以下问题:

①　得出错误的测量数据,测量结果不能信赖。

②　损坏测量仪器、仪表或被测设备、元器件。

在选择测量方法时,如果必要,还要制订正确的测量方案。

错误的测量方法会导致某些不良后果,这可以通过下例来说明:

测量某高内阻(如 500 kΩ)电路的电压,应该使用高输入电阻的数字电压表,才能使测量结果较为准确。如使用普通的模拟式电压表,则会产生很大的误差,得到歪曲实际的测量结果。

由此可看出,选择正确的测量方法、仪器设备及编制测试程序是十分重要的。

1.3.2　测量误差和仪器准确度

在测量中,由于测量仪器的准确度有限,测量方法的不完善以及各种因素的影响,实验中测得的值和它的真值(真实的数值)不相同,即表现为误差。为了减小所产生的误差,我们应分析误差产生的原因,从正确选用仪表到完善测量方法等途径来力求减少误差,并对误差范围做出估计。

1) 测量误差的来源与分类

(1) 测量误差的来源

① 仪器误差

这是由于测量仪器本身及其附件的电气和机械性能不完善所产生的误差。指示值实际上是被测量值的近似值,该误差为仪器所固有的。如仪器、仪表的零点漂移、刻度不准确和非线性等引起的误差以及数字式仪表的量化误差都属于此类。

② 使用误差

又称操作误差,是指在使用仪器过程中,因安装、调试和使用不当等引起的误差。

③ 人身误差

它是由于人的感觉器官和运动器官的限制所造成的误差。如读错数字、操作不当等。

④ 环境误差

这是由于受到环境影响所造成的附加误差。如温度、湿度、振动、电磁场等各种环境因素。

⑤ 方法误差

又称理论误差,是由于使用的测量方法不完善和测量所依据的理论本身不严密所引起的误差。如用低内阻的万用表测量高内阻电路的电压时所引起的误差。

(2) 测量误差的分类

根据误差的性质及产生的原因,可分为系统误差、随机误差和疏失误差三类。

① 系统误差

系统误差是指在相同条件下重复测量同一量时,误差的大小和符号保持不变,或按照一定的规律变化的误差。引起系统误差的原因有仪器误差、方法误差、人员误差和操作误差等。系统误差决定了测量的准确度。系统误差越小,测量结果就越准确。系统误差一般通过实验或分析方法,查明其变化规律及产生原因后,可以减少或消除。

② 随机误差

在相同的条件下多次重复测量同一量时,误差大小和符号无规律的变化的误差称为随机误差。随机误差也称偶然误差。随机误差不能用实验方法消除。但从随机误差的统计规律中可了解它的分布特性,并能对其大小及测量结果的可靠性作出估计,或通过多次重复测量,然后取其中算术平均值来达到目的。

③ 疏失误差

这是一种由于测量者对仪器不了解、粗心,导致读数不准确而引起的误差,测量条件的变化也会引起疏失误差。含有疏失误差的测量值称为坏值或异常值,必须根据统计检验方法的某些准则去判断哪个测量值是坏值,然后去除。

应当指出,在实际测量过程中,系统误差、随机误差和疏失误差的划分并不是绝对的,在一定条件下的系统误差,在另外条件下可能以随机误差的形式出现,反之亦然。例如,电源电压引起的误差,如考虑缓慢变化的平均效应,则可视为系统误差;但如考虑瞬时波动,就应视为随机误差。

2) 测量误差的表示方法

测量误差的表示方法有多种,最常用的是绝对误差和相对误差。

(1) 绝对误差

绝对误差是被测量的测量值与其真值之差,也称为真误差。可用下式表示:

$$\Delta X = X - X_0$$

式中:X——被测量的测定值;

X_0——被测量的真值;

ΔX——测量的绝对误差。

真值是客观存在,但由于人们对客观事物认识的局限性,使测定值只能越来越接近真值。在实际测量中常用计量检测网的直接上级标准测得的量值代表真值,称之为实际真值。在实验室条件下,常用比被检查仪器的精度高 1~2 级的计量仪器的示值作为被检查仪器的实际真值。

如被检表为 MF - 47 型的万用表,其直流电压、电流挡的准确度为 2.5 级,而电工实验装置的直流仪表板上的直流电压和直流电流表的准确度为 0.5 级(数字表准确度为 0.5 级,模拟表准确度为 1.0 级)。在同时测量某一电压或电流时,仪表板上的示值可作为被检表的实际真值。

在高准确度的仪器中,常给出校正曲线,因此当知道了测定值 X 之后,通过校正曲线,便可以求出被测量值的实际真值。

(2) 相对误差

绝对误差的不足之处,在于它不能确切地反映出测量值的准确程度。例如测量 100 mA 的电流时绝对误差 1 mA,测量 10 mA 的电流时绝对误差也是 1 mA,虽然两次测量的绝对误差都是 1 mA,但实际上第一次测量的结果较准确,因为误差仅为 1%,而第二次测量的误差为 10%。这就是相对误差的概念。相对误差的定义为:测量的绝对误差与其实际真值的比值,即相对误差 γ 表示如下:

$$\gamma = \frac{\Delta X}{X_0} \times 100\%$$

相对误差通常用于衡量测量的准确性。相对误差越小,准确度就越高。

【例 1.3.1】　用一只电流表测量实际值为 50 mA 的电流,其指示值为 50.5 mA;实际值为 10 mA 时,其指示值为 9.7 mA。求两次测量的绝对误差与相对误差。

解　第一次测量时:

$$\Delta X_1 = X_1 - X_{01} = 50.5 - 50 = 0.5 \text{ mA}$$

$$\gamma_1 = \frac{\Delta X_1}{X_{01}} \times 100\% = \frac{0.5}{50} \times 100\% = 1\%$$

第二次测量时:

$$\Delta X_2 = X_2 - X_{02} = 9.7 - 10 = -0.3 \text{ mA}$$

$$\gamma_2 = \frac{\Delta X_2}{X_{02}} \times 100\% = \frac{-0.3}{10} \times 100\% = -3\%$$

由以上结果可知:

① ΔX_1 为正值,说明测定值大于实际值,ΔX_2 为负值,说明测定值小于实际值。

② $|\Delta X_1| > |\Delta X_2|$,但 $|\gamma_1| < |\gamma_2|$,说明第二次测量的准确度小于第一次测量。

③ 绝对误差有单位,而相对误差 γ 没有单位。

3) 最大引用误差 γ_{nm} 与仪表的准确度

(1) 最大引用误差 γ_{nm}

最大引用误差是一种简化的相对误差的表现形式。考虑到仪表的可测范围不是一个点,而是一个量程。为了计算和划分准确度等级的方便,通常取仪表的测量上限(满刻度值 X_n)作为分母,用整个量程中的最大绝对误差 ΔX_m 作为分子,由此得出最大引用误差的定义:

$$\gamma_{nm} = \frac{\Delta X_m}{X_n} \times 100\%$$

(2) 电工仪表的准确度

电工仪表的准确度等级分为 0.1、0.2、0.5、1.0、1.5、2.5、5.0 共七个等级。如果仪表为 a 级,则说明该仪表的最大引用误差 γ_{nm} 不超过 $\pm a\%$。

在测量中,根据仪表的准确度就可以估算出测量误差。设某仪表的满刻度值为 X_n,测量值 X,则仪表在该测量值的误差为:

最大绝对误差　　　　　　　$\Delta X_m = X_n \times (\pm a\%)$

最大相对误差　　　　　　　$\gamma_m = \dfrac{\Delta X_m}{X} = \dfrac{X_n}{X} \times (\pm a\%)$

(在实际测量中,也常常用仪表的测量值 X 代替真值 X_0 进行相对误差的近似计算。)

一般 $X < X_n$,故 X 越接近 X_n 时,其测量精度越高。这就是为什么当使用这类仪表测量时,应尽可能用仪表满刻度的 $\dfrac{2}{3}$ 量程以上的范围进行测量的原因。

【例 1.3.2】　用量程为 10 A、精度为 0.5 级的电流表测 10 A 和 5 A 的电流,求测量可能产生的最大相对误差。

解　测量中可能产生的最大绝对误差:

$$\Delta X_m = X_n \times (\pm a\%)$$
$$= \pm 10 \times 0.5\% = \pm 0.05 \text{ A}$$

因而测量 10 A 电流时的最大相对误差:

$$\gamma_m = \frac{\Delta X_m}{X} \times 100\% = \pm \frac{0.05}{10} \times 100\% = \pm 0.5\%$$

而测量 5 A 时,则

$$\gamma_m = \frac{\Delta X_m}{X} \times 100\% = \pm \frac{0.05}{5} \times 100\% = \pm 1\%$$

【例 1.3.3】　用量程为 100 V、准确度等级为 0.5 级和量程为 10 V、准确度等级为 2.5 级的两只电压表,分别测量 9 V 的电压。求两次测量时的最大绝对误差和最大相对误差。

解　用量程 100 V、0.5 级电压表测量时:

$$\Delta X_{m1} = X_{n1} \times (\pm a_1\%) = 100 \times (\pm 0.5\%) = \pm 0.5 \text{ V}$$

$$\gamma_{m1} = \frac{\Delta X_{m1}}{X_1} \times 100\% = \pm \frac{0.5}{9} \times 100\% \approx \pm 6\%$$

用 10 V 量程、2.5 级电压表测量时：

$$\Delta X_{m2}=X_{n2}\times(\pm a_2\%)=10\times(\pm 2.5\%)=\pm 0.25\ \text{V}$$

$$\gamma_{m2}=\frac{\Delta X_{m2}}{X_2}\times 100\%=\pm\frac{0.25}{9}\times 100\%\approx\pm 3\%$$

从以上两例我们都可发现测量值接近仪表满度时，测量结果误差较小，特别是在后一例可见用大量程 $X_{n1}=100$ V，高精度 $a_1=0.5$ 级的电压表测 9 V 电压时，产生的相对误差 $\gamma_{m1}\approx\pm 6\%$，而用小量程 $X_{n2}=10$ V，低精度 $a_2=2.5$ 级的电压表测接近满刻度值的 9 V 电压时产生的相对误差 $\gamma_{m2}\approx\pm 3\%$。所以，为了提高测量的准确度，对电工仪表而言，有时正确选择仪表量程比片面追求仪表精度更有效。因为仪表精度越高则价格越高，且使用条件亦更苛刻，一般 1.0、1.5 级的仪表已能满足实验室的要求。

1.3.3　测量结果的误差分析和估算

由于实验离不开各种直接的、间接的测量，测量误差又不可能完全消除，因此在进行测量之后，对于测量结果一定要进行准确性的估算和分析。同时，对于误差估算，也要抓主要方面，主要考虑来自仪器、仪表的准确度、仪表量程引起的基本误差，还有由于仪表内阻与电路参数配合等引起的方法误差。对于随机性的误差，一般可不进行估算。

1) 测量结果的误差分析

(1) 由测量仪器精度引起的基本误差

设仪器的精度为 a，量程为 X_n，则由仪表精确度引起的基本误差为：

最大绝对误差　　　　　　　$\Delta X_m=X_n\times(\pm a\%)$

最大相对误差　　　　　　　$\gamma_m=\dfrac{X_n}{X}\times(\pm a\%)$

如果测量值 X 比量程 X_n 越小，则相对误差就越大。为了减少这类测量误差，应尽可能使仪表工作在大于 $\dfrac{2}{3}$ 量程的位置，该问题已在上一节中有了详细的阐述。

为了保证测量结果准确可靠，必须对测量仪表提出一定的质量要求。根据国家标准规定，对于一般电测量指示仪表来说，主要有以下几方面的要求：

① 有足够的准确度。

② 示值变差要小。

③ 受外界影响小。

④ 仪表本身所消耗的功率要小。

⑤ 要具有适合于被测量的灵敏度。

⑥ 要有良好的读数装置。

⑦ 有足够高的绝缘电阻、耐压能力和过载能力。

(2) 由于仪表内阻与电路参数配合不当而引起的方法误差

由于测量方法的不完善产生的误差称为方法误差。例如当用伏安法测电阻时，由于电流表内阻不是理想的为零，电压表内阻不是理想的为无穷大，结果测得的电阻值中就含有方法误差。

下面分析伏安法测量电阻时的方法误差。

在测量时电压表和电流表有两种接法,如图1.3.1(a)、(b)所示,以电压表所处的位置来说图(a)称为表前法,图(b)称为表后法。

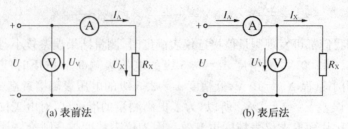

图 1.3.1　用伏安法测量电阻时仪表的两种接法

在图1.3.1(a)的测量电路中,电压表的测量值为U_V,电流表的测量值为I_A,那么按欧姆定律可得被测电阻R_X的(间接)测量值R'_X为:

$$R'_X = \frac{U_V}{I_A} = R_A + R_X$$

式中：R'_X——是电流表内阻R_A与被测电阻实际值R_X之和,所以方法误差为:

$$\gamma_A = \frac{R'_X - R_X}{R_X} = +\frac{R_A}{R_X}$$

当被测电阻$R_X \gg R_A$时,γ_A很小,此误差可被忽略。

而在图1.3.2(b)的测量电路中,

$$R''_X = \frac{U_V}{I_A} = R_V // R_X = \frac{R_V R_X}{R_V + R_X}$$

被测电阻(间接)测量值R''_X是电压表内阻R_V与被测电阻实际值R_X的并联值,所以方法误差为:

$$\gamma_V = \frac{R''_X - R_X}{R_X} = \frac{-R_X}{R_V + R_X}$$

当$R_V \gg R_X$时,γ_V很小,可被忽略。

综上所述：

① 表前法适合于测量高阻值的电阻。

② 表后法适合于测量低阻值的电阻。

当被测电阻$R_V \gg R_X \gg R_A$时,则表前、表后的方法误差均可忽略不计。

③ 测量方式引起的测量误差

使用电测量指示仪表时,必须使仪表有正常的工作条件,否则会引起一定的附加误差。例如,使用仪表时,应使仪表按规定的位置放置;仪表要远离外磁场;使用前应使仪表的指针指在零位,如果仪表指针不在零位时可调节调零器使指针指到零位。此外,在进行测量时必须注意正确读数。也就是说,在读取仪表的指示值时,应该使观察者的视线与仪表标尺的平面垂直。如果仪表标尺表面上带有镜子的话,在读数时就应该将指针遮住镜子中的指针影子,这样就可以大大减小和消除读数误差,从而提高读数的准确性。在图1.3.2中表示了正确的读数位置。

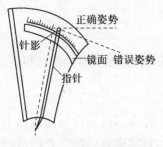
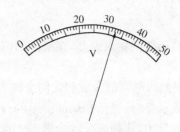

图 1.3.2　正确读数示意图　　　　　　　　　图 1.3.3　仪表读数

读数时,如指针所指示的位置在两条分度线之间,可估计一位数字。如图 1.3.3 中用电压表测量时,指针指在 32～33 V 之间,可以大致估计读作 32.5 V。若追求读出更多的位数,超出仪表准确度的范围,便没有意义了。反之,如果记录位数太少,以致低于测量仪表所能达到的准确度,也是不对的。

2) 误差的传递与合成

采用间接测量法时,间接测量的误差可由直接测量的误差按一定的公式计算出来,这就称为误差的传递。下面介绍几种常见函数的误差传递公式。

（1）和、差函数的误差

设间接测量的量 Y 与两个直接测量的量 X_1 和 X_2 的关系为：

$$Y = aX_1 + bX_2$$

直接测量 X_1 和 X_2 时,对应的绝对误差为 ΔX_1 和 ΔX_2,则间接测量的绝对误差 ΔY 为：

$$\Delta Y = a\Delta X_1 + b\Delta X_2$$

若 $Y = aX_1 - bX_2$,则：

$$\Delta Y = a\Delta X_1 - b\Delta X_2$$

即和（差）函数的绝对误差等于各量的绝对误差相加（减）。

在最坏情况下,无论和或差函数的绝对误差均为：

$$|\Delta Y| = |a\Delta X_1| + |b\Delta X_2|$$

而和、差函数的相对误差为：

$$\gamma_Y = \frac{X_1}{Y} a\gamma_{X1} \pm \frac{X_2}{Y} b\gamma_{X2}$$

式中：γ_{X1}、γ_{X2}——分别为直接测量 X_1、X_2 时的相对误差。

从上式可见,在所有相加量中,数值最大的那个量的局部误差在合成误差中占主要比例,为了减小合成误差,首先要减小这个量的局部误差。特别要注意在差函数中,当 X_1 和 X_2 数值接近时,Y 很小,这时即使各量的局部误差都很小,而合成误差仍可能很大,要避免这样的间接测量。

（2）积、商函数的误差

设间接测量的量 Y 与两个直接测量的量 X_1 和 X_2 的关系为：

$$Y = X_1 \times X_2$$

X_1、X_2 的相对误差各为 γ_{X1}、γ_{X2},则 Y 的相对误差为：

$$\gamma_Y = \gamma_{X1} + \gamma_{X2}$$

同样,商函数 $Y = \dfrac{X_1}{X_2}$ 的相对误差为:

$$\gamma_Y = \gamma_{X1} - \gamma_{X2}$$

积(商)函数的相对误差,在最坏的情况下,等于各直接测量相对误差之和。

$$|\gamma_Y| = |\gamma_{X1}| + |\gamma_{X2}|$$

(3) 误差的绝对值合成和几何合成

求合成误差时,当已知局部误差的符号时,可以把各误差作为代数量按以上公式合成。但在实际测量中,这种情况较少遇到。更多的情况是,只知道各局部误差的范围,而不知道它们确切的符号。这时可以用两种方法求合成误差:绝对合成法和几何合成法。

设各局部误差分别为 $\pm D_1, \pm D_2, \cdots, \pm D_k$,其中 $\pm D_k$ 表示绝对误差或相对误差。

① 绝对合成法:合成误差为:

$$D = \pm(|D_1| + |D_2| + \cdots + |D_k|)$$

用绝对合成法,是从最不利、误差最大的角度去合成误差,所得结果比较保守。因各局部误差同时在最坏情况的可能性极少,而某些局部误差有可能具有相反的符号而互相抵消一部分。这时用几何合成法来求合成误差较为合理。

② 几何合成法:合成误差为:

$$D = \pm\sqrt{D_1^2 + D_2^2 + \cdots + D_k^2}$$

【例 1.3.4】　有五个精度为 0.1 级标称阻值为 1 000 Ω 的电阻串联,求等效电阻的合成误差。

解:每个电阻的绝对误差为:

$$\Delta R_1 = \Delta R_2 = \Delta R_3 = \Delta R_4 = \Delta R_5 = \pm 0.1\% \times 1\,000 = \pm 1\ \Omega$$

(1) 用绝对合成法求合成误差

绝对误差:

$$\Delta R = \pm(|\Delta R_1| + |\Delta R_2| + |\Delta R_3| + |\Delta R_4| + |\Delta R_5|) = \pm 5\ \Omega$$

相对误差:

$$\gamma = \pm\frac{\Delta R}{R_e} = \pm\frac{5}{5\,000} \times 100\% = \pm 0.1\%$$

式中:R_e——串联等效电阻,$R_e = 5\,000\ \Omega$。

(2) 用几何合成法求合成误差

$$\Delta R = \pm\sqrt{\Delta R_1^2 + \Delta R_2^2 + \Delta R_3^2 + \Delta R_4^2 + \Delta R_5^2} = \pm\sqrt{5} = \pm 2.2\ \Omega$$

相对误差:

$$\gamma = \pm\frac{\Delta R}{R_e} = \pm\frac{2.2}{5\,000} \times 100\% = \pm 0.04\%$$

5 个电阻的误差多半是有大有小、有正有负,不可能都是 +1 Ω 或 −1 Ω,因此用几何合成法求的合成误差较为合理。

1.3.4　实验数据处理

1) 有效数字

由于测量总存在误差,所以测量数据均用近似数表示,这就涉及有效数字问题。

在测量一个电压时,测量结果可能为 6 mV,也可能记为 6.00 mV,从数值的观点来看,它们似乎没有区别,但从测量的意义来看,它们有根本的不同。记为 6 mV,以后小数位的数量 是没有测出的量,它们完全可能不是"0"。而 6.00 mV 表明 6 mV 以后的两位小数测到了,而且其第一位数确实就是"0",最后位则为存疑数。由此可见,对测量结果的数字记录应有严格的要求,测量中判断哪些数应该记或不应该记的标准是误差。在有误差的那位数以左的各位数字都是可靠数字,均应记。有误差的那位数为存疑数,也应记。而有误差的那位数字以后的各位数字都是不确定的,用任何数字表示都是无效的,故都不应该记。因此在测量中,称从最左面一位非零数字起到含有误差的那位存疑数字止的所有各位数字为有效数字。

例如,测量一个电阻,记录其值为 10.43 Ω,其中 1 043 是四位有效数字。又如测量一电压,记录其值为 0.006 3 V,则只有 63 两位为有效数字。因为有关有效数字的定义指出最左面第一个非零数字(此处为 6)以左的不算有效数字。再如,测量一电流,记录其值为 1 000 mA,是 4 位有效数字,若以 A 为单位记录此数,应写为 1.000 A 而不能写成 1A,因 1 A 只有一位有效数字,而实际测量精度达到四位有效数字。由此三例总结出有效数字记录测量结果时的几点注意事项:

(1) 用有效数字来表示测量结果时,可以从有效数字的位数估计出测量的误差,一般规定误差不超过有效数字末位单位的一半。例如 1.00 A,则测量误差不超过 ±0.005 A。少记有效数字的位数会带来附加误差;而多记有效数字的位数则又夸大了测量精度。

(2) "0"在最左面不算有效数字,如"0.006 3"V,前面 3 个"0"均非有效数字;若测量精度达不到,不能在数字右面随意加"0"。

(3) 多余有效数字的舍入原则。小于 5 的数则舍去,大于 5 的数舍去进 1,如等于 5 则要看前位数是偶数还是奇数,如前位为偶数则舍去,若为奇数则舍 5 进 1。如 1 个数为 301.5,要求保留 3 位有效数字,则定为 302。但若此数为 302.5,仍要保留三位有效数字,按上述原则仍定为 302。

(4) 有效数字不能因选用的单位变化而变化。如测量结果为 2.0 A,它的有效数字为 2 位。如改用 mA 做单位,将 2.0 A 改写成 2 000 mA,则有效数字变为 4 位,是错误的,应改写成 2.0×10^3 mA,此时它的有效数字仍为 2 位。

【例 1.3.5】　26 554、32.238 和 756.5 3 个数,保留三位有效数字。

解　　26 554 → 266×10^2

32.238 → 32.2

756.5 → 756

2) 运算中有效数字的位数的决定

在数据处理过程中,常常要对若干个数据进行加减乘除运算。加减运算中,准确度最差的数据就是小数点后有效数字位数最少的那个数据,其他数据均保留小数点位数与该数据的(小数点后位数)相同。乘除运算中,有效数字位数取决于有效数字位数最少的那个数据。

【例 1.3.6】　运算下列数据:① 1.369+17.2+8.64;② 3.55×1.23;③ 0.385×9.712 ×26.164。

解:① 1.369+17.2+8.64 ≈ 1.4+17.2+8.6=27.2

由于 17.2 准确度最差,故各数据均应保留有效数字至小数点后一位。

② $3.55 \times 1.23 \approx 4.37$

由于两个数据均为 3 位有效数字,故乘积保留 3 位有效数字。

③ $0.385 \times 9.712 \times 26.164 \approx 0.385 \times 9.71 \times 26.2 = 97.9$

由于有效数字最少的为 3 位,故各数据均保留 3 位有效数字,乘积要保留 3 位有效数字。

3) 表格法

经误差分析和有效数字运算等处理后所得到的实验记录,有时并不能看出实验规律或结果,因此必须对这些实验数据进行整理、计算和分析,才能从中找出实验规律,得出实验结果,这个过程称为实验数据处理。主要有表格法和图示法。

表格法是将实验数据按某种规律列成表格,是工程中常用的方法。采用表格法时要注意以下几点:

(1) 列项要全面合理,数据充足,便于进行观察比较和分析计算、作图等。

(2) 列项要清楚准确地标明被测量的名称、数值、单位以及前提条件,状态和需观察的现象等。

(3) 应先计算出理论值,以便在测量过程中进行对照比较。

(4) 在记录原始数据的同时要记录条件和现象,并注意有效数字的选取。

4) 图示法

图示法可更直观地看出各量之间的关系和函数的变化规律。图示法通常用的是直角坐标法,一般用横坐标表示自变量,纵坐标表示应变量。将各实验数据描绘成曲线时,应参照理论分析的依据,不要画成折线,而应对数据点正确取舍,使最后连成为一条平滑的曲线。采用图示法时要注意:

(1) 必须采用坐标纸。曲线图幅度大小要适当,一般不要小于实验报告纸的 1/4,比例要合适。

(2) 必须标出实验数据点。为了防止在同一坐标图中有不同的几条曲线的数据相互混淆,各数据点可以分别采用"×"或"·"等不同的符号标出。

(3) 为了使曲线更接近实际,能正确完整地反映函数关系的特点,要正确选择测试点。如对极值点、特征点或拐点应多选一些测试点,对线性变化的区域则可少选些测试点。

1.4 常用电工仪表

本章主要介绍指针式电压、电流表,以及指针式和数字式万用表的基本结构、工作原理和它们的基本使用方法。

1.4.1 常用电工仪表的介绍

指针式电工仪表测量线路的作用,是将被测量 x(如电流、电压、相位、功率等)转换为测量机构可以直接接受的过渡量 y(如电流),并保持一定的变换比例。测量线路通常由电阻、电感、电容及电子元件组成。

同一种测量机构配合不同的测量线路,可组成多种测量仪表。指针式电工仪表的测量过程如图 1.4.1 所示。

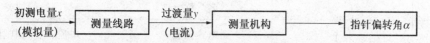

图 1.4.1　指针式电工仪表的测量过程

1）常用电工仪表的分类

电工仪表的种类很多，主要按以下几个方面分类：

（1）按测量原理可分为磁电系、电磁系、电动系、感应系、静电系、整流系、热电系、电子系等。

（2）按测量对象可分为电流表（安培表、毫安表、微安表）、电压表（伏特表、毫伏表等）、功率表（又称瓦特表）、电能表、欧姆表、高阻表（兆欧表）、相位表、频率表、万用表。

（3）按仪表工作电流的种类可分为：直流仪表、交流仪表、交直流两用表。

（4）按仪表使用方式可分为：安装式仪表（板式仪表）和可携式仪表等。

（5）按测量方法可分为比较法仪表和直读法仪表两种。比较测量法是将被测量与同类的标准量相比较，从而得出被测量的数据。如电桥、电位差计等；直读法使用的仪表称为制度仪表。

2）常用电工仪表的符号和意义

国家标准规定把仪表的结构特点、电流种类、测量对象、使用条件、工作位置、准确度等级等用不同的符号标明在仪表的刻度盘上，这些符号称为仪表的表面标记。各种符号及其所表示的意义如表 1.4.1 和表 1.4.2 所示。选用仪表时必须注意表面标记。

表 1.4.1　常用电工仪表的符号和意义

分　类	符　号	名　称	被测量的种类
电流种类	—	直流电表	直流电流、电压
	$\sim$	交流电表	交流电流、电压、功率
	$\simeq$	交直流两用表	直流电量或交流电量
	$\approx$ 或 3$\sim$	三相交流电表	三相交流电流、电压、功率
测量对象	Ⓐ ⓜA ⓤA	安培表、毫安表、微安表	电流
	Ⓥ Ⓚv	伏特表、千伏表	电压
	Ⓦ Ⓚw	功率表、千瓦表	功率
	kW·h	千瓦时表	电能量
	φ	相位表	相位差
	f	频率表	频率
	Ω ⓂΩ	欧姆表、兆欧表	电阻、绝缘电阻

表 1.4.2　常用电工仪表的符号和意义

分　类	符　号	名　称	被测量的种类
工作原理	⌐⌐	磁电式仪表	电流、电压、电阻
	⌇	电磁式仪表	电流、电压
	▭	电动式仪表	电流、电压、电功率、功率因数、电能量
	⌐▷	整流式仪表	电流、电压
	⊚	感应式仪表	电功率、电能量
准确度等级	1.0	1.0 级电表	以标尺量限的百分数表示
	(1.5)	1.5 级电表	以指示值的百分数表示
绝缘等级	⚡ 2 kV	绝缘强度试验电压	表示仪表绝缘经过 2 kV 耐压试验
工作位置	→	仪表水平放置	
	↑	仪表垂直放置	
	∠60°	仪表倾斜 60° 放置	
端　钮	+	正端钮	
	−	负端钮	
	± 或 ✕	公共端钮	
	⊥ 或 ⏚	接地端钮	

1.4.2　磁电系(永磁动圈式)仪表

　　磁电系仪表在电测量指示仪表中占有极其重要的地位,应用广泛。它有准确度、灵敏度高,消耗功率小,刻度均匀等优点。用于直流电路中测量电流和电压;加上整流器时,用来测量交流电流和电压;加上变换器时,用于多种非电量(例如磁量、温度、压力等)的测量;采用特殊结构时,还可以制成检流计,用来测量极其微小的电流。磁电系仪表问世最早,由于近年来磁性材料的发展使其性能日益提高,成为最有发展前景的指示仪表之一。

　　1) 磁电系仪表的结构

　　磁电系仪表根据磁路形式的不同,分为外磁式、内磁式和内外磁结合式三种结构。

　　(1) 外磁式测量机构如图 1.4.2 所示。由于永久磁铁放在可动线圈之外,所以称为外磁式。整个结构为两大部分,即固定部分和可动部分。固定部分主要由磁路系统组成,由永久磁铁 1、极掌 2 和圆柱铁心 3 组成,在极掌和铁心之间有一气隙,在气隙里的磁感应强度 B 均匀且足够大。可动部分包括铝框 4 及绕在铝框上的线圈 5、指针 6 等,均固定在可以转动的轴 7 上。线圈两端分别与上、下两个游丝 8 相连。游丝用来产生反作用力,同时又把电流引入可动线圈。绕在铝框上的线圈可在气隙里自由转动。

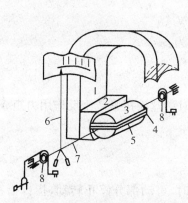

图 1.4.2　磁电系外磁式测量机构

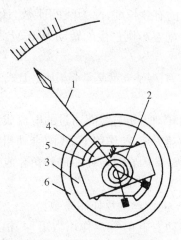

图 1.4.3　磁电系内磁式测量机构

（2）内磁式的测量机构如图 1.4.3 所示，与外磁式相比最大区别在于永久磁铁 4 做成圆柱形并放在动圈 2 之内，它既是磁铁又是铁心。为了能形成工作气隙 3，并能在工作气隙中产生一个均匀的磁场，磁场方向能处处与铁心的圆柱垂直，在磁铁外面压嵌一个扇形断面的磁极 5，在线圈外面加一个导磁环 6。磁力线穿过气隙后经导磁环闭合，以形成工作气隙的磁场。

采用这种结构之后，由于磁极和导磁环都用磁导率很高的软磁材料，所以闭合磁路的漏磁小，磁感应强度大，仪表防御外磁场干扰的能力也得到增强，而且仪表对外界其他设备中的磁敏感元件的影响也减少了。加上内磁式整个结构比较紧凑，成本较低，所以与外磁式相比，是一种比较先进的结构。内磁式可动部分的构造则与外磁式基本相同。

（3）内外磁结合式除了在可动线圈外部装了永久磁铁之外，线圈内部的圆柱形铁心也改用永久磁铁，所以称它为内外磁结合式。这种形式的特点是工作气隙内的磁感应强度比较强，其他特点与外磁式相似。

内磁式特点：受外磁场干扰较小，磁路短，铁磁材料少，重量轻，但难以形成很强的磁场，在可动线圈和游丝相同时，灵敏度较低。

外磁式特点：铁磁材料用得较多，较重，易受外磁场干扰（但可加屏蔽以消除干扰），灵敏度较高。

2）磁电系仪表的工作原理

当有电流 I 通过线圈时，电流与磁场相互作用，线圈的两边受到一对大小相等，方向相反的力，如图 1.4.4 所示。力的方向可由左手定则确定，力的大小 $F=BIlN$。式中 l 为线圈

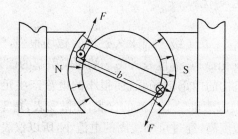

图 1.4.4　磁电系仪表测量机构产生作用力矩的示意图

在磁场内的有效长度,N 为线圈匝数,B 为气隙里的磁感应强度,I 为通过线圈的电流。如果线圈的宽为 b,则产生的转动力矩 M 为:

$$M=F\times b=BIlN\times b$$

由于 B、l、N、b 都是常量,因此上式又可以表示为:

$$M=kI$$

即产生的转动力矩与线圈通过的电流成正比。

在转动力矩 M 作用下,线圈带动指针转动,同时游丝被扭紧产生反作用力矩 M_a。在游丝的弹性范围内它与指针的偏转角 α 成正比,即

$$M_a=D\cdot\alpha$$

式中:D——游丝的反作用系数。

当转动力矩 M 与反作用力矩 M_a 相等,即平衡时,可动部分停止转动,指针指在某一位置,这时

$$M=M_a \text{ 或 } kI=D\cdot\alpha$$

$$\alpha=\frac{k}{D}I=KI$$

指针的偏转角 α 与线圈中的电流成正比。所以用偏转角的大小可以表示电流的大小,而且标尺刻度是均匀的。

在转动过程中,由于可动部分具有一定的动能,在平衡点($M=M_a$ 处)指针不能立即停下,而是反复摆动,直至动能消耗掉,指针才能停止下来。在实际测量时,人们总是希望指针能尽快地停下来。为此,在转动轴上还要加上阻尼装置,用它来消耗动能。磁电系仪表的阻尼装置就是铝框。因铝框是闭合的,铝框运动过程中,它在磁场里要切割磁力线,产生感应电动势,在铝框里就形成了电流。这个电流又与气隙磁场作用产生作用力 f。作用力 f 产生的转矩又叫阻尼力矩,它与线圈转动方向相反,起阻碍线圈转动的作用。当线圈不动时,铝框里的感应电流就不存在了,阻尼力矩也随时消失。阻尼力矩不会影响测量结果。

磁电系仪表指针偏转方向与线圈中电流方向有关,当电流反向时,指针也反向偏转。刻度线的零点在一端时,指针是不许反向偏转的,即电流必须从"+"端流入,从"-"端流出,指针正向偏转。磁电系仪表有极性,使用时必须注意。

磁电系仪表不能用来测交流电。如果通入 50 Hz 交流电,可动部分的机械惯性很大,跟不上变化很快的交流电的变化,线圈中虽有电流通过,但实际上可动部分仍然静止,如果电流过大,则可能烧坏仪表。千万不能用磁电系仪表测交流电。

3)磁电系仪表的主要优缺点

(1)优点

① 准确度高。可达 0.5～0.1 级。因永久磁铁的磁场很强,气隙又小,磁路近于闭合,可动线圈转动力矩大,因此由摩擦、温度及外磁场的影响引起的误差相对较小。

② 灵敏度高。测量机构的内部磁场强,使很小的电流产生足够大的力矩,因此磁电系测量机构灵敏度较高,可做成测量较小电流的仪表,如微安表、指零表和检流表。

③ 功耗小。由于灵敏度高,经过可动线圈的电流小,所以仪表本身消耗的功率也就小。

④ 刻度均匀。测量机构指针偏转角与被测电流的大小成正比,因此仪表刻度是均匀的。

(2)缺点

① 过载能力小。因为被测电流要通过游丝和可动线圈,游丝和可动线圈的导线都很细,若电流过载,容易导致游丝过热而产生弹性系数变化或线圈损坏。

② 只能测量直流。

4) 磁电系电流表

磁电系测量机构允许通过的电流是很小的,一般在几十微安级至几十毫安级范围内。通常只用来做检流计、微安表和小量程的毫安。

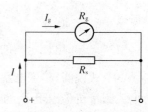

为了扩大磁电系测量机构的量程,以测量较大的电流,需用并联电阻的方法,使大部分电流从并联电阻中流过,而测量机构只流过其允许通过的电流。这个并联的电阻就叫分流电阻或分流器,用 R_s 表示,如图 1.4.5 所示,图中 R_g 为测量机构内阻。

并联分流电阻 R_s 后,测量机构中的电流 I_g 与被测电流 I 有一定的比例关系。

图 1.4.5　电流表的分流电阻

$$I_g = I \frac{R_s}{R_g + R_s}$$

由上式可见,测量机构中的电流 I_g 与被测电流 I 成正比,仪表可以直接按扩大量程后的电流作出刻度。而分流电阻 R_s 可按下式计算:

$$\frac{R_g + R_s}{R_s} = \frac{I}{I_g} = n$$

所以

$$R_s = \frac{1}{n-1} R_g$$

式中:n——电流量程的扩大倍数,$n = \dfrac{I}{I_g}$。

由上式说明,将磁电系测量机构的量程扩大成 n 倍的电流表时,分流电阻 R_s 应为磁电系测量机构内阻 R_g 的 $(n-1)$ 分之一。

在一个仪表中采用不同大小的分流电阻,便可以制成多量程的电流表。分流电阻用锰铜丝绕成。它的温度系数很小以及对铜的热电势低,可以在一定温升范围内保证足够的准确度。

5) 磁电系电压表

磁电系测量机构的指针偏转角 α 与电流成正比,而测量机构的电阻一定时,α 又与其两端的电压成正比,将测量机构和被测量电压并联时,就能测量电压。但由于磁电系测量机构的内阻不大,允许通过的电流又小,因此测量电压的范围也就很小(毫伏级)。为了测量较高的电压,可用一只较大的电阻与测量机构串联,这个电阻叫做分压电阻,用 R_d 表示,如图 1.4.6 所示。

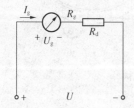

图 1.4.6　电压表的分压电阻

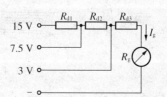

图 1.4.7　多量程电压表测量线路

串联分压电阻以后,通过测量机构的电流为 $I_g = \dfrac{U}{R_g + R_d}$。

它与被测电压 U 成正比,仪表的指针偏转可以直接指示被测电压,并按扩大量程后的电压值作出刻度。

分压电阻的大小可以根据扩大量程的要求来选择。因为

$$\frac{U}{U_g} = \frac{R_g + R_d}{R_g} = m$$

所以

$$R_d = (m-1)R_g$$

式中:m——电压量程的扩大倍数,$m = \dfrac{U}{U_g}$。

上式说明,将磁电系测量机构的量程扩大成 m 倍的电压表,需要串联的分压电阻应为磁电系测量机构内阻 R_g 的 $(m-1)$ 倍。

电压表也可以制成多量程的,只要按照公式 $R_d = (m-1)R_g$ 的要求串联几个不同分压电阻即可。其内部接线如图 1.4.7 所示。

用电压表测量电压时,电压表内阻越大,对被测电路影响就越小。电压表各量程的内阻与相应电压量程的比值为一常数,这个常数称为电压灵敏度 K_U,通常在电压表的表面上标明,其单位为"欧/伏",它是电压表的一个重要参数。

例如,量程为 30 V 的电压表,内阻为 15 000 Ω,则该电压表的电压灵敏度 K_U 可表示为 500 Ω/V,读作每伏 500 欧姆。

1.4.3　电磁系仪表

目前工程上测量交流电流和电压常用电磁系仪表,它的测量机构主要有排斥式和吸引式两种。

1) 电磁系仪表的机构

排斥式和吸引式的工作原理都是利用磁化后的铁片被吸引或排斥作用而产生转动力矩的。

图 1.4.8(a)是排斥式结构的示意图,这种结构的固定部分是线圈 1 及安放在线圈内壁上的铁片 2,可动部分包括固定在轴上的可动铁片 3、游丝 4、指针 5、阻尼翼片 6。

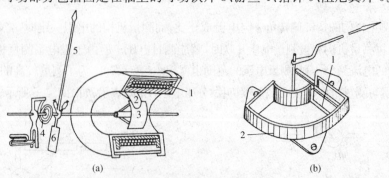

(a)　　　　　　　　　　　　(b)

图 1.4.8　电磁系测量机构

2) 电磁系仪表的工作原理

当固定线圈有电流通过时,电流的磁场使铁片 2、3 同时磁化,而且两铁片的同侧是同一

极性,因而排斥,使可动部分转动。当固定线圈里的电流方向改变时,两铁片的磁化方向也同时改变,两铁片之间仍然是排斥的。可见转动方向与固定线圈中电流方向无关。因此电磁系仪表没有"+"、"一"极性,既可以用来测交流,也可用来测直流。

两铁片之间斥力的大小正比于每个铁片磁性的强弱。铁片未饱和前,它们的磁性正比于线圈内磁场的强弱,而线圈磁场强弱又正比于线圈中的电流。所以瞬时转动力矩 m 与线圈内瞬时电流 i 的平方成正比,即

$$m = ki^2$$

由于可动部分的机械惯性,转动实际上是取决于转动力矩的平均值 M:

$$M = \frac{1}{T}\int_0^T m\,\mathrm{d}t = \frac{1}{T}\int_0^T ki^2\,\mathrm{d}t = \frac{k}{T}\int_0^T i^2\,\mathrm{d}t$$

式中的 $\dfrac{1}{T}\displaystyle\int_0^T i^2\,\mathrm{d}t$ 就是交流电流有效值 I 的平方,即

$$M = kI^2$$

即平均转动力矩与交流电流有效值的平方成正比。在平均转动力矩作用下,可动部分的转动使游丝被扭紧,产生反作用力矩 M_α,反作用力矩与偏转角 α 成正比,即

$$M_\alpha = D \cdot \alpha$$

当 $M = M_\alpha$ 时,指针就停止转动,处于平衡状态,有

$$D \cdot \alpha = kI^2$$

则

$$\alpha = \frac{k}{D}I^2 = k_0 I^2$$

式中,k_0 是与仪表结构有关的常数。可见指针偏转角与电流有效值的平方成正比,因此电磁系仪表的标尺刻度是不均匀的。

为了消耗运动中累积的功能,机构中装置了空气阻尼器,见图 1.4.8(b)。阻尼翼片 1 在阻尼室 2 内运动时,与空气发生摩擦消耗功能。运动停止,阻尼力矩也就不存在了。

吸引式仪表的结构与排斥式相似,即当线圈通入电流时产生磁场并将铁片磁化,磁场吸引铁片进入线圈的空隙,在转轴上产生转动力矩,带动可动部分偏转。

3) 电磁系仪表的主要优缺点

(1) 优点

① 电磁系测量机构可用于直流,也可用于交流,测量交变量的有效值(正弦或非正弦)。

② 电流不经过游丝而是进入固定线圈,而固定线圈可用较粗导线,故可直接测量较大电流,过载能力强。

③ 结构简单,成本较低。

(2) 缺点

① 测量机构内部磁场较弱(磁路除铁片外均是空气),受外磁场影响较大,需采用磁屏蔽。

② 由于铁片的磁滞、涡流现象,使直流测量时磁滞误差大,交流测量时受频率影响大,仪表的准确度较低。但用优质导磁材料构成的仪表仍可以为具有一定精确度的交直流两用表。

③ 标尺刻度不均匀。

4) 电磁系电流表

电磁系机构可以直接做成电流表,常用来测量交流电流。改变固定线圈的匝数,可以改

变电流量程。

　　由于被测电流不通过可动部分和游丝,因而可以制成直接测量大电流的电流表。但测量超过 200 A 的交流电流时,宜将测量机构与电流互感器配合使用。

　　安装式电流表一般为单量程的,可携式则常用双量程或三量程的。电磁系电流表为减少功耗,不采用分流器扩大量程,而是将固定线圈分段,通过连接片、插塞、转换开关等来改变分段线圈的连接方式,以获得不同的量程。

　　图 1.4.9 为双量程电流表原理线路(固定线圈分成 1—3 和 2—4 两段)。若完全相同的两段线圈的额定电流为 I,则它们并联时仪表允许通过的最大电流将是它们串联时的两倍,即 $2I$。仪表的标尺按量程 I 刻度,当连接片使线圈串联时,可直接读数;连接片使线圈并联时,将读数乘 2。

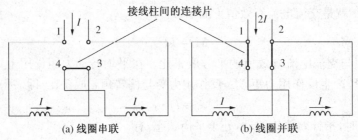

图 1.4.9　双量程电流表原理线路图

5) 电磁系电压表

电磁系测量机构做电压表使用时,固定线圈可以用细导线绕较多匝数,扩大量程则采用串联分压电阻的方法。

　　安装式电磁系电压表是单量程的,最大量程约 600 V。测更高的交流电压时配用电压互感器。可携式电压表通用是多量程的,改变分压电阻(有时还将固定线圈分段)可改变量程。图 1.4.10 为一个三量程电磁系电压表线路,其中 R_1、R_2、R_3 为分压电阻,"＊"端为不同量程的公共端。

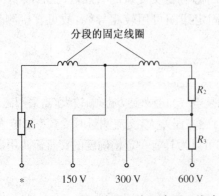

图 1.4.10　三量程电磁系电压表原理线路

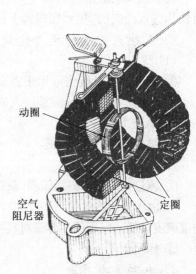

图 1.4.11　电动系测量机构

1.4.4　电动系仪表

1）电动仪表的结构

磁电系仪表由永久磁铁建立磁场。如果用通过电流的固定线圈来代替永久磁铁，便构成了电动系仪表。结构如图 1.4.11 所示。

有两个固定线圈，平行排列，使两个固定线圈之间产生的磁场比较均匀。在两个固定线圈之间放上可动线圈，它固定在可以转动的轴上。在轴上还装有指针、两个游丝、阻尼片等。

2）电动系仪表的工作原理

当两个固定线圈通过电流后，在线圈间产生磁场。可动线圈中的电流通过两个游丝流入，当可动线圈内有电流时，与固定线圈产生的磁场相互作用就形成了转矩。瞬间转矩 m 与两个线圈里的瞬时电流的乘积成正比，即

$$m = k i_1 i_2$$

设 i_1、i_2 按正弦规律变化，且

$$i_1 = I_{1m} \sin \omega t$$

$$i_2 = I_{2m} \sin (\omega t + \varphi)$$

则瞬时转矩 m 为：

$$m = k I_{1m} I_{2m} \sin \omega t \sin(\omega t + \varphi)$$

平均转矩：

$$M = \frac{1}{T} \int_0^T m \, dt = \frac{k}{T} I_{1m} I_{2m} \int_0^T \sin\omega t \sin(\omega t + \varphi) = k I_1 I_2 \cos \varphi$$

式中：I_1、I_2——分别为固定线圈、可动线圈里的电流有效值。

在平均转矩 M 作用下，可动部分偏转，使游丝扭紧，产生反作用力矩 M_α。同样，M_α 与偏转角 α 成正比，即

$$M_\alpha = D \cdot \alpha$$

当 M 与 M_α 相等时，

$$D \cdot \alpha = k I_1 I_2 \cos \varphi$$

$$\alpha = \frac{k}{D} I_1 I_2 \cos \varphi = k_0 I_1 I_2 \cos \varphi$$

可见，电动系测量机构的偏转角不仅与通过固定线圈和可动线圈中的电流有关，而且与两电流之间相位差的余弦成正比。

电动系机构也可测直流，这时 $\varphi = 0$。

3）电动系仪表的主要优缺点

（1）优点

① 准确度高。电动系测量机构不含铁磁性物质，没有磁滞等误差，可做成等级较高的交流电流表、电压表，准确度可达 0.1 级。

② 可以交直流两用。

（2）缺点

① 过载能力差。可动线圈的导线一般很细,它和游丝容易在强电流时烧坏或永久性变形,比较脆弱。

② 功率消耗大。因为工作磁场要由电流足够大的固定线圈产生,故消耗的功率比较大。

③ 用电动系测量机构制成的电流表和电压表,活动部分偏转角与两个线圈的电流乘积成正比,测量的是有效值(正弦量或非正弦量),标尺刻度不均匀。

④ 测交流时,由于线圈的感抗随频率变化,因此会引起频率误差。

⑤ 受外磁场的影响较大。由于磁路不闭合,空气磁阻大,测量机构内部的工作磁场较弱。但可采用磁屏蔽和无定位结构克服外磁场影响。

电动系机构可以做成电压表、电流表,也可做成功率表。

4) 电动系电流表

将电动系测量机构中的定圈和动圈串联起来即构成电动系电流表,如图 1.4.12 所示,虚线框内表示电动系电流表,1 是定圈,2 是动圈。对照 $\alpha = k_0 I_1 I_2 \cos \varphi$,由于 $I_1 = I_2 = I$,$\varphi = 0, \cos \varphi = 1$,可得:

$$\alpha = k_I I^2$$

故电动系电流表可动部分的偏转角与被测电流的平方有关,所以,它的标度尺的分度是不均匀的。

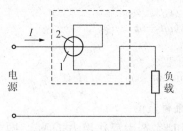

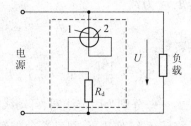

图 1.4.12　电动系电流表　　　　　　图 1.4.13　电动系电压表

用上述方式构成的电流表只能用来测量 0.5 A 以下的电流,因为被测电流要通过游丝,而且绕制动圈的导线也很细。如果要测量较大的电流,通常是将动圈和定圈并联,或者在动圈上加分流器来实现。

电动系电流表通常都制成两个量程。量程的改变是通过把定圈做成两部分,在进行串并联换接和改变与动圈并联的分流电阻来实现的。

由于电动系的定圈和动圈都有一定的电感,它们之间也存在互感,当被测电流的频率不同时,将会产生频率误差。为了使它能适应较宽频率范围的测量,通常在与动圈串联的一部分电阻上并有频率补偿电容。

5) 电动系电压表

将电动系测量机构中定圈 1 和动圈 2 与分压电阻 R_d 一起串联起来,就构成电动系电压表,如图 1.4.13 所示。通过改变分压电阻 R_d 可以使电压表得到多个量程,当分压电阻一定时,通过测量机构的电流与仪表两端的电压 U 成正比。由式 $\alpha = k_0 I_1 I_2 \cos \varphi$ 可得:

$$\alpha = k_U U^2$$

故电动系电压表可动部分的偏转角 α 与电压平方有关,所以它的标度尺是不均匀的。

6）电动系功率表

图 1.4.14 是电动系功率表（简称"瓦计"）测负载功率时的接线图。虚框内表示瓦计。水平画出的波折线表示固定线圈，垂直画出的波折线表示可动线圈。固定线圈与负载串联，负载电流全部通过固定线圈，所以又把它叫做电流线圈。可动线圈与分压电阻 R 串联后与负载并联，可动线圈与分压电阻一起承受整个负载电压 U，所以可动线圈又称为电压线圈。

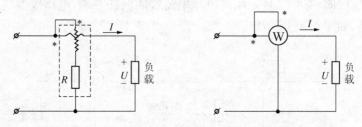

图 1.4.14　电动系功率表测负载功率接线图

（1）工作在直流电路：电流线圈中的电流 I_1 就是负载电流 I。电压线圈里的电流为：

$$I_2 = \frac{U}{R_2}$$

式中：R_2——电压线圈支路中总电阻。

仪表偏转角 α 为：

$$\alpha = kI_1 I_2 = \frac{k}{R_2} UI$$

可见，偏转角 α 与负载吸收的功率 $UI = P$ 成正比。

（2）工作在交流电路：通过电流线圈中的电流 I_1 就是负载中电流 I。电压线圈中的电流 I_2 与负载电压 U 成正比，即

$$I_2 = \frac{U}{z_2}$$

式中：z_2——电压线圈支路中阻抗的模。

由于可动线圈支路的感抗与分压电阻相比可以忽略，故 I_2 与 U 是同相的。

仪表偏转角为：

$$\alpha = kI_1 I_2 \cos \varphi = \frac{k}{z_2} UI \cos \varphi$$

可见仪表偏转角与负载吸收的功率 $P = UI \cos \varphi$ 成正比。

功率表一般做成多量程，通常有两个电流量程，两个或多个电压量程。

两个电流量程用两个固定线圈串联或并联实现，两个固定线圈有四个端子，都安装在表的外壳上。如果两个固定线圈串联，电流量程就是 1 A，并联就是 2 A。

不同的电压量程串以不同的分压电阻。电压量程的公共端标有符号" * "。

由电流量程和电压量程就决定了功率量程。如某一功率表电流量程为 0.5～1 A，电压量程为 0～150～300 V。当根据被测负载电压和电流大小选择的电压量程为 300 V，电流量程为 0.5 A 时，功率量程为：

$$P = UI = 300 \times 0.5 = 150 \text{ W}$$

即指针偏转到满刻度时为 150 W。

（3）功率表的使用方法

　　① 功率表量程的选择。选择功率表的量程实际上就是选择电流量程和电压量程。只要电流线圈不过载,电压线圈也不过载,则功率量程就自然满足了。

　　② 功率表"发电机端"接线规则。为了使接线不发生错误,功率表通常在电流线圈支路一端和电压线圈支路一端标有" * "、"±"等特殊标记。一般称这些特殊记号为"发电机端"。

　　接线时应遵守如下原则:对于电流线圈,有" * "号的一端必须接在电源一端,另一端接至负载;对于电压线圈,有" * "号一端可以接电流线圈的任一端,电压线圈的另一端应跨接到负载的另一端,如图 1.4.15 所示。

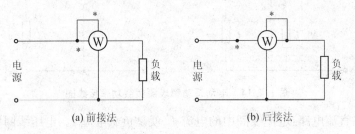

(a) 前接法　　　　　　　　　(b) 后接法

图 1.4.15　功率表接线方式

　　图 1.4.15(a)为前接法。电流线圈的电流与负载电流相等,电压线圈支路承受的电压包括电流线圈两端的电压降,所以这种接法功率表读数应包括电流线圈的损耗在内。

　　图 1.4.15(b)为后接法。电压线圈支路承受的电压与负载端电压相等。电流线圈中的电流包括电压线圈中的电流,所以功率表读数应包括电压线圈的损耗在内。

　　实际测量时采用哪种接法要作具体分析,如果被测负载的电流总是变化的,而负载两端电压总是不变的,那么最好采用后接法。这时电压线圈引起的误差可以计算出来,即

$$\Delta P_U = \frac{U^2}{R}$$

它是个常量。每次功率读数减去固定数 ΔP_U 就是负载吸收的功率。如果电压电流都在变化,哪种方法引起的误差小就用哪种方法。

　　按上述"发电机端"进行接线时,一般情况下功率表应正向偏转,这表明接线是正确的。但也有例外,如 φ 角大于 $\pi/2$ 时,功率表则反偏。反偏表示功率本身是负值,即负载不是吸收功率而是输出功率。这时只要把电流线圈两个端子掉个头就可以了,但读数应记为负值。如果功率表面板上装有倒向开关,就不用调电流端头了,只要改变一下倒向开关,指针就会正向偏转。

　　③ 功率表的正确读数。功率表的标度尺只标分格数(如 100 格等)而不标瓦数,这是由于功率表一般是多量程的,选用不同电流量程和电压量程时每格代表的瓦数不同。每格代表的瓦数叫功率表分格常数。在一般功率表中附有一表格,表明功率表在不同电流、电压量程上的分格常数,供读数时查用。

　　如果功率表没有分格常数表,也可以按下式计算分格常数 C:

$$C = \frac{U_m I_m}{\alpha_m} \quad (W/格)$$

式中:U_m——电压线圈的量程;

　　I_m——电流线圈的量程;

　　α_m——功率表盘上刻的总格数。

【例 1.4.1】　如果选用功率表的电压量程为 300 V,电流量程为 2.5 A,功率表标度尺的满刻度格数为 100 分格,在测量时读得功率表指针的偏转格数为 75 格,问负载所消耗的功率是多少?

解:功率表的分格常数为:

$$C = \frac{U_m I_m}{\alpha_m} = \frac{300\text{ V} \times 2.5\text{ A}}{100\text{ 格}} = 7.5\text{ W/ 格}$$

测得负载所消耗的功率为:

$$P = C \cdot \alpha = 7.5\text{ W/ 格} \times 75\text{ 格} = 562.5\text{ W}$$

1.4.5　感应系仪表

感应系仪表主要用于交流电能表。

1) 感应系仪表的结构

感应系仪表的结构如图 1.4.16 所示,主要由以下四部分组成:

(1) 驱动部分。由电流元件、电压元件组成,电流与电压元件均是由铁心和绕在其上的线圈构成。电流元件的线圈线径粗,匝数少,与负载串联;电压元件的线圈线径细,匝数多,与负载并联。

(2) 转动部分。由铝质转盘、转轴构成。

(3) 制动部分。由永久磁铁构成,在铝盘转动时产生制动转矩。

(4) 积算机构。由涡轮、蜗杆、齿轮等组成。用于计算铝盘在一定时间内转过的转数,以便达到累计电能的目的。

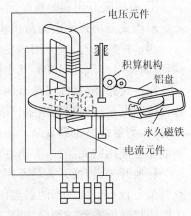

图 1.4.16　感应系测量机构

2) 感应系仪表的工作原理

当线圈通过交变电流时,铝盘被感应产生涡流,这些涡流与交变磁通作用产生电磁力,该电磁力不作用在铝盘中心,从而产生转矩,引起可动部分转动。可以证明转矩 M 与被测电路的有功功率成正比,即

$$M = k_1 UI\cos\varphi = k_1 P$$

当铝盘在转矩 M 作用下转动时,切割永久磁铁产生的磁通,形成涡流,该涡流与永久磁铁相互作用,产生制动转矩 T,T 与铝盘转速成正比,即 $T = k_2 n$。

当铝盘转速稳定时,转动转矩 M 与制动转矩 T 平衡,即

$$M = T \quad \text{或} \quad k_1 P = k_2 n$$

所以

$$n = \frac{k_1}{k_2} P = kP$$

上式两端同时乘以时间 t 后变为:

$$nt = kPt$$

上式表明,在时间 t 内,铝盘的总转数 nt 与电路消耗的电能 Pt 成正比。因此,通过积算机构所记录的总转数就可读出负载消耗的电能。

3) 感应系仪表的优缺点

优点:转矩大,过载能力大,防外磁能力强,工艺简单,结构牢固,造价低。

缺点:精度低,仪表内部功率耗损大,只能用于一定频率的交流电路中。

1.4.6　万用表

万用表是一种可以测量多种电量,具有多种量程的便携式仪表,用途广泛,使用方便,因此是一种极为常用的电工仪表。万用表分为两大类,一类是模拟式万用表(即指针式万用表),另一类是数字式万用表。

1) 模拟式万用表

模拟式万用表通过指针指示被测量的数值,其价格便宜、使用方便。

(1) 指针式(模拟)万用表的基本构成及工作原理

① 模拟式万用表的基本结构

模拟式万用表均由测量机构、测量线路及转换开关三个基本部分构成。

测量机构:模拟式万用表的测量机构常称为表头,它是高灵敏度的磁电系仪表测量机构,其满偏电流从几微安到几十微安,准确度在 0.5 级以上。

测量线路:测量线路是万用表实现多种电量测量、多种量程变换的电路。测量线路能将各种待测电量转换为磁电系仪表测量机构能接受的直流电流。万用表的功能越强,测量范围越广,测量线路也越复杂。测量线路是万用表的中心环节,它对测量误差影响较大,对测量线路中使用的元器件,要求性能稳定、温度系数小、准确度高、工作可靠。

转换开关:转换开关是万用表实现多种电量、多量程切换的一个基本部分,它由活动触点与固定触点组成。当两触点闭合时,电路接通。连接不同的固定触点和活动触点就可以改变或接通所需要的测量线路,达到切换电量和量程的目的。

② 模拟式万用表的工作原理

万用表主要由各种电路元器件通过转换开关连接构成各种测量电路来完成电流、电压、电阻等物理量的测量。下面对各种测量电路的工作原理逐个作简要介绍。

a. 直流电流的测量电路

为了扩大量程及满足多量程的需要,直流电流测量电路一般采用环形分流电路,如图 1.4.17 所示。图中,R_1、R_2、R_3 为环形分流电阻。I_1、I_2、I_3 为不同的电流量程。转换开关 K 处在不同的位置,就可改变直流电流的量程。显而易见,按分流的原理 $I_1 > I_2 > I_3$。

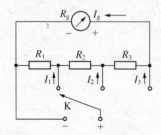

图 1.4.17　环行分流电路

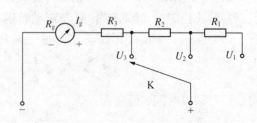

图 1.4.18　直流电压测量电路

b. 直流电压的测量电路

万用表测量直流电压的电路是一个多量程的直流电压表,如图 1.4.18 所示。它是由转换开关换接电路中与表头串联的分压电阻 R_1、R_2、R_3 来实现不同电压量程的转换。

c. 交流电压的测量电路

磁电式表头不能直接用来测量交流电,必须配以整流电路,把交流电压变为脉动的直流电压,才能测量交流电压。万用表中一般采用半波整流电路,如图 1.4.19 所示。图中二极管 VD_1 用作整流,VD_2 起保护作用。

整流后的脉动直流电压,使表头产生的转矩大小亦是脉动的。由于表头转动部分的惯性,使指针的偏转角将正比于转矩或整流电压的平均值。

正弦交流电压的有效值 U 与半波整流电压的平均值 U_0 的关系为:

$$U = 2.22U_0$$

表头指针的偏转角度正比于半波整流电压的平均值,而万用表正弦交流电压标尺是按正弦量的有效值来刻度的,故万用表只能用来测量正弦交流电压的有效值,如测量非正弦交流电压的有效值则会产生极大的误差。

d. 电阻的测量电路

万用表电阻的测量电路原理如图 1.4.20 所示。图中,R_B 为调零电位器;R_C 为限流电阻;E 为电池,作为测量电阻时的电源,提供使磁电式仪表测量机构指针偏转的直流电流;R_X 为被测电阻。

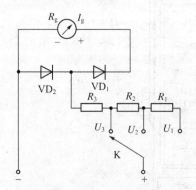

图 1.4.19　交流电压测量电路

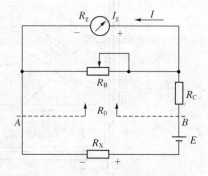

图 1.4.20　电阻测量电路

由 A、B 看进去的等效电阻 $R_0 = R_B // R_g + R_C$,它是万用表电阻挡的内阻,也是电阻标尺上的中心电阻值。如某一万用表电阻挡为 $R \times 1$ k 挡,仪表的中心刻度为 16.5,则此万用表的中心电阻值为 16.5 kΩ。

若 $R_X = 0$ 时,$I = I_g$,指针满偏转;

则 $R_X = R_0$ 时,$I = \frac{1}{2} I_g$,指针 $\frac{1}{2}$ 满偏转(故 R_0 称中心电阻值);

$R_X = 2R_0$ 时,$I = \frac{1}{3} I_g$,指针 $\frac{1}{3}$ 满偏转;

...

$R_X = \infty$ 时,$I = 0$,指针不偏转。

可见,指针的偏转角度反映了被测电阻的大小,而且电阻挡标尺为不等分的倒标尺。如

图 1.4.21 所示。

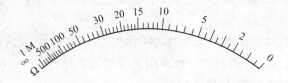

图 1.4.21　欧姆表的刻度

　　由于欧姆表的分度是不均匀的,在靠近中心电阻值的一段范围内,分度较细,读数准确,当 R_X 的值处在这个范围内,则测量的相对误差较小。对于不同阻值的 R_X,应选择不同的电阻测量量程,使 R_X 与 R_0 值接近。

　　(2) 模拟式万用表面板说明

　　模拟式万用表的型号很多,如有 MF27、MF47、MF68、MF78、500 型等,它们的外观、面板和功能会有所差异。现以 MF47 型万用表为例,它的面板图如图 1.4.22 所示,它的基本功能如表 1.4.3 所示。

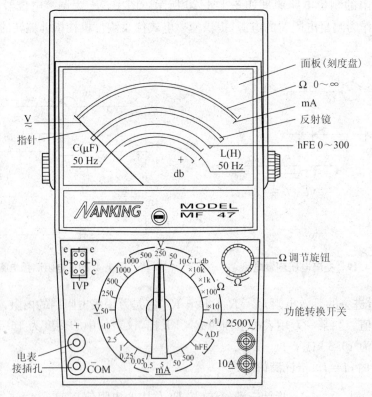

图 1.4.22　MF47 型万用表面板

表 1.4.3　MF47 型万用表的功能及量程范围

量程范围		灵敏度及电压降	精确度	误差表示方法
直流电流 DCA	0～0.05 mA～ 0.5 mA～5 mA～ 50 mA～500 mA	0.25 V	2.5	以上示值的 百分数计算
	*10A		5	
直流电压 DCV	0～0.25～1 V～ 2.5 V～10 V～50 V	20 kΩ	2.5	
	250 V～500 V～1 000 V			
	*2 500 V			
交流电压 ACV	0～10 V～50 V～ 250 V～500 V	9 kΩ	5	
	*2 500V			
电阻 Ω	R×1;R×10;R× 100;R×1 k;	中心刻度为 16.5	10	
	*R×10 k			

表 1.4.3 中有 * 号的量程为大量程挡：

如 * 10 A——插座为公用端"－"(COM)和标有"10 A"标记的插孔；

如 * 2 500 V——插座为公用端"－"(COM)和标有"2 500 V"的插孔。

*R×10 k 则电表内必须配有 9 V 的层叠电池方可使用。

(3) 模拟式万用表的使用方法

① 万用表在使用之前应检查表针是否在零位上,如不在零位上,可用小螺丝刀调节表头上的"机械调零"使表针指在零位。

② 万用表面板上的插孔都有极性标记,测直流时,注意正负极性。用欧姆挡判别二极管极性时,注意"＋"插孔是接表内电池的负极,而"－"插孔是接表内电池正极。

③ 先按测量的需要将转换开关拨到需要的位置上,不能拨错。如在测量电压时,误拨到电流或电阻挡,将会损坏表头。

④ 在测量电流或电压时,如果对被测电流,电压大小心中无数,应先从最大量程上试测,防止表针打坏。然后再拨到合适量程上测量,以减少测量误差。注意不可带电转换开关的测量功能。

⑤ 测量高电压或大电流时,要注意人身安全。测试笔要插在相应的插孔里,测量开关拨到相应的量程位置上。

⑥ 测量交流电压时,注意必须是正弦交流电压。其频率也不能超出规定的范围。

⑦ 测量电阻时,首先要选择适当的倍率挡,使被测电阻值与相应倍率的中心电阻值接近。然后将表笔短路,调节"调零"旋钮,使表针指在零欧姆处。如"调零"旋钮不能调到零位,说明表内电池电压不足,需要更换电池。不能带电测电阻,以免损坏万用表。在测大阻值电阻时,不要用双手接触电阻两端,防止人体电阻并联上去造成测量误差。每转换一次量程,都要重新调零。不能用欧姆挡直接测量检流计及表头的内阻。

⑧ 每次测量完毕,将转换开关拨到交流电压最高挡,防止他人误用损坏万用表。万用

表长期不用时应取出电池,防止电池漏液腐蚀和损坏万用表。

2) 数字万用表

数字万用表是采用集成电路的 A/D 转换器和液晶显示器,将被测量的数值直接以数字形式显示出来的一种电子测量仪表。

(1) 数字万用表的主要特点为:

① 数字显示,直观准确,无视觉误差,并具有极性自动显示功能。

② 测量精度和分辨率都比模拟(指针)式的万用表高。

③ 电压挡的输入电阻高,对被测电路影响小。

④ 电路的集成度高,便于组装和维修,使数字万用表的使用更为可靠。

⑤ 测试功能齐全。

⑥ 保护功能全,有过压、过流、过载保护和超量程显示功能。

⑦ 功耗低,抗干扰能力强,能在强磁场环境下正常工作。

随着电子技术的发展,数字万用表的价格日趋低廉,使用也日趋广泛。

(2) 数字万用表的组成和工作原理

数字万用表是在直流电压 A/D 转换的基础上构成的。为了能测量直流电流、交流电压和电流、电阻等电量,必须增加相应的转换器,将被测电量转换成直流电压信号,再由 A/D 转换器转换成数字量,并以数字形式显示出来。数字万用表的组成框图如图 1.4.23 所示,它由功能转换器、A/D 转换器、LED 显示器、电源和功能/量程转换开关等构成。

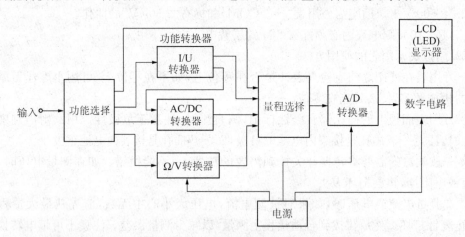

图 1.4.23　数字万用表原理框图

常用的数字万用表显示数字位数有三位半、四位半和五位半之分。所谓三位半,实际显示数字为四位数,但最高位数只能显示 0 或 1,故称三位半。

(3) 数字万用表的面板说明

以 DT9101 型数字万用表为例说明,DT9101 型数字万用表外形如图 1.4.24 所示。该表为三位半的数字万用表,操作方便,读数准确,功能齐全,可以用来测量直流电压/电流、交流电压/电流、电阻、晶体三极管 h_{FE} 参数。

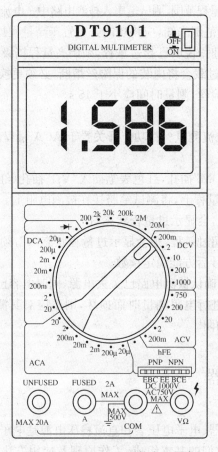

图 1.4.24　DT9101 型数字万用表

（4）数字万用表的使用方法

① 直流电压测量

a. 将黑色表笔插入"COM"插孔，红色表笔插入"VΩ"插孔。

b. 将功能开关置于 DCV 量程范围，并将表笔并接在被测电压的两端。在显示电压读数的同时会指示红表笔的极性。

注意：ⓐ 在测量之前不知被测电压的范围时，应将功能开关置于高量程挡逐渐调低。

ⓑ 仅在最高位显示"1"时，说明已超过量程，须调高量程。

ⓒ 不要测量高于 1 000 V 的电压，因为可能损坏内部电路。

② 交流电压测量

a. 将黑色表笔插入"COM"插孔，红色表笔插入"VΩ"插孔。

b. 将功能开关置于 ACV 量程范围。

注意：ⓐ 同直流电压测试注意事项ⓐ、ⓑ。

ⓑ 不要测量高于 750 V 有效值的电压，因为可能损坏仪表。

③ 直流电流测量

a. 将黑色表笔插入"COM"插孔。当被测电流在 2A 以下时，红笔插在"A"插孔。如被测电流在 2～20 A 之间，则将红表笔移至"20 A"插孔。

b. 功能开关置于 DCA 量程范围,测试笔串入被测电路中。电流的方向将同时指示出来。

注意:ⓐ 如果被测电流范围未知,应将功能开关置于高量程挡逐渐调低。

ⓑ 仅在最高位显示"1"时,说明已超过量程,须调高量程挡级。

ⓒ "A"插口输入时,如过载会将内装的保险丝熔断,必须更换同规格的保险丝。

ⓓ "20 A"插口没有保险丝,测量时间应小于 15 s。

④ 交流电流测量

测试方法类同于直流电流测量。将功能开关置于 ACA 量程范围内。

⑤ 电阻测量

a. 将黑色表笔插入"COM"插孔,红色表笔插入"VΩ"插孔(红表笔接到内部电池正极)。

b. 将功能开关置于 Ω 量程上,将测试笔跨接在被测电阻上。

注意:ⓐ 当输入开路时,会显示过量程状态"1"。

ⓑ 如果被测电阻阻值超过量程,则会显示过量程状态"1",须换用高挡量程。当被测电阻在 1 MΩ 以上,本表需数秒后方能稳定读数。

ⓒ 检测在线电阻时,须确认被测电路已关去电源,同时电容已放完电方能进行测量。

ⓓ 有些器件有可能被进行电阻测量时而损坏,则不应对其测量电阻,如不准用数字万用表测检流器或仪表表头内阻。

1.5　常用电子仪器

　　示波器、函数信号发生器、电子电压表和直流稳压电源是电子工程技术人员最常使用的电子仪器。本章主要介绍它们的基本组成、工作原理及使用方法。尽管介绍的仅是某一产品型号,而其他型号的产品的性能和使用方法大同小异,读者同样不难掌握它们的使用方法。

1.5.1　函数信号发生器

　　函数信号发生器是一种能够产生多种波形的信号发生器。它的输出可以是正弦波、方波或三角波。输出电压的幅值、频率以及占空比都可以方便地调节,所以它是一种通用的信号源。

1) 函数信号发生器的组成和工作原理

(1) 函数信号发生器的组成

　　函数信号发生器产生信号的方法有三种:一种是用施密特电路产生方波,然后经变换得到三角波和正弦波;第二种是先产生正弦波再得到方波和三角波;第三种是先产生三角波再转换为方波和正弦波。近几年来比较流行的是第三种方案,其框图如图 1.5.1 所示。主要由调整放大电路、电流开关、正(负)电流源、时基电容、波形变换电路(方波形成电路、正弦波形成电路)和缓冲放大电路等部分组成。

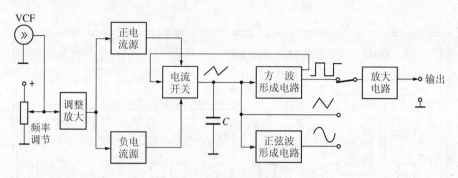

图 1.5.1　函数信号发生器组成框图

（2）函数信号发生器的工作原理

工作原理简要说明如下，正、负电流源由电流开关控制，对时基电容 C 进行恒流充电和放电。当电容恒流充电时，电容上电压随时间线性增长$\left(u_C = \dfrac{1}{C}\displaystyle\int_0^t i\,\mathrm{d}t = \dfrac{It}{C}\right)$，当电容恒流放电时，其上电压随时间线性下降，因此在电容上得到三角波。三角波电压经方波形成电路得到方波，经正弦波形成电路转变为正弦波，最后经放大电路放大后输出。

2）函数信号发生器的面板操作系统

各种型号的函数信号发生器功能及各旋钮按键作用，使用方法基本相同。现以EE1641B1 型函数信号发生器进行介绍。图 1.5.2 为 EE1641B1 型函数信号发生器的面板说明。

EE1641B1 型函数信号发生器的主要功能和指标：

（1）输出波形：正弦波、三角波、方波、脉冲波、斜波和 TTL 电平的方波。

（2）频率可调范围：由 0.2 Hz～2 MHz，共分七个频段。

（3）输出电压：负载开路时，最大输出电压峰-峰值为 20 V，接有 50 Ω 负载时，最大输出电压峰-峰为 10 V。

具有输出频率数字显示和输出电压峰-峰幅值数字显示。

3）函数信号发生器的使用方法

（1）接通电源开关。

（2）将占空比控制开关、电平控制开关、电压输出衰减开关、频率测量内/外开关均置于常态（不开启），此时，波形选择自动选为正弦波，频率范围自动选在 1 kHz 挡。

（3）将电压输出插座与示波器 Y 轴输入端相连。

（4）脉冲波或斜波的产生：置占空比/对称度选择开关打开，相应指示灯亮，此时调节占空比/对称度调节按钮，就可使方波变为占空比可变化的脉冲波或者使三角波变为斜波。

4）函数信号发生器的使用注意事项

（1）函数信号发生器输出探头的黑夹子和红夹子严禁短接（信号源输出不可短路，否则会烧坏器件）。

（2）函数信号发生器的输出探头的地端（黑夹子）应和电路的地连接（公共接地）。

（3）输出大信号时，例如输出 5 V_{P-P}，直接调节幅度输出（AMPL）旋钮，不需衰减，由交流毫伏表测量为 1.77 V。

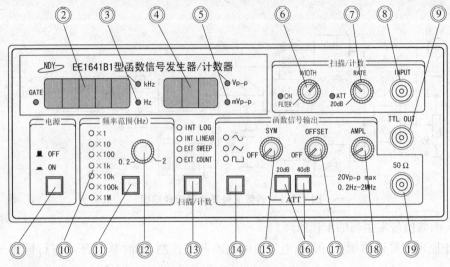

图 1.5.2　　　函数信号发生器面板

① —电源开关

② —频率显示窗口(GATE)

③ —频率单位显示

④ —幅度显示窗口

⑤ —幅度单位显示

⑥ —扫描宽度调节旋钮(WIDTH)

⑦ —扫描速率调节旋钮(RATE)

⑧ —扫描/计数输入插座(INPUT)

⑨ —点频输出端(TTL OUT)

⑩ —倍率显示(灯亮即表示该倍率被选中,1 Hz~2 MHz 七挡)

⑪ —倍率选择按钮(即粗调按钮,每按一次按钮可递增(减)输出频率 1 个频段)

⑫ —频率微调旋钮(调节此旋钮可微调输出信号频率)

⑬ —扫描/计数按钮(可选择多种扫描方式和外测频方式)

⑭ —波形选择按钮(可选择正弦波、三角波、方波作为输出)

⑮ —输出波形对称性调节旋钮(SYM)(调节此旋钮可改变输出信号的对称性)

⑯ —信号输出幅度衰减按钮(ATT)(20 dB、40 dB 键分别按下,则分别衰减了 10 倍、100 倍;同时按下 20 dB、40 dB 键,则衰减了 1 000倍)

⑰ —输出直流电平偏移调节旋钮(OFFSET)(调节范围−5~+5 V(50 Ω负载))

⑱ —信号输出幅度调节旋钮(AMPL)(调节范围 20V$_{P-P}$)

⑲ —信号输出端(50 Ω)(输出多种波形受控的信号)

(4) 输出微弱信号时,例如输出有效值 5 mV,必须先调节衰减按钮(分为 20 dB、40 dB,单按下 20 dB 衰减 10 倍,单按下 40 dB 衰减 100 倍,同时按下 20 dB 和 40 dB 衰减 1 000倍),再调节输出幅度调整电位器,由交流毫伏表测量为 5 mV。

(5) 频率调整方法,先选择频率范围,再进行频率细调。

1.5.2　电子电压表（交流毫伏表）

电子电压表（又称交流毫伏表）一般是指模拟式电压表。它是一种电子电路中常用的测量仪表，采用磁电式表头作为指示器，属于指针式仪表。电子电压表，不仅可以测量交流电压，而且还可以用作为一个宽频带、低噪声、高增益的放大器。电子电压表与普通万用表相比较，具有以下优点：

(1) 输入阻抗高。一般输入电阻为 500 kΩ～1 MΩ。仪表接入被测电路后，对电路的影响小。

(2) 频率范围宽。适用于 20 Hz～2 MHz（但不能测直流信号）。

(3) 灵敏度高。最低电压可测到微伏级。

(4) 电压测量范围广。仪表的量程分挡可从 1 mV～300 V。

1) 电子电压表的组成及工作原理

(1) 电子电压表的组成

一般电子电压表都由放大和检波两大部分组成。它们主要由衰减器、交流电压放大器、检波器和整流电源四部分组成，其方框图如图 1.5.3 所示。

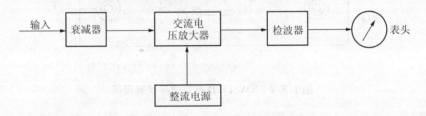

图 1.5.3　放大—检波式电子电压表

(2) 电子电压表的工作原理

被测电压先经衰减器衰减到适宜交流放大器输入的数值，再经交流电压放大器放大，最后经检波器检波，得到直流电压，由表头指示数值的大小。

电子电压表表头指针的偏转角正比于被测电压的平均值，而面板却是按正弦交流电压有效值进行刻度的，因此电子电压表只能用以测量正弦交流电压的有效值。当测量非正弦交流电压时，电子电压表的读数没有直接的意义，只有把该读数除以 1.11（正弦交流电压的波形系数），才能得到被测电压的平均值。

2) 电子电压表面板操作说明

图 1.5.4 为 NW2172D 型交流毫伏表面板说明。

NW2172D 型交流毫伏表的主要功能和指标：

① 交流电压测量范围 1 mV～300 V。共分 12 挡量程：1 mV、3 mV、10 mV、30 mV、100 mV、300 mV、1 V、3 V、10 V、30 V、100 V、300 V。

② 输入电阻

1～300 mV 量程，8 MΩ±0.8 MΩ；

1～300 V 量程，10 MΩ±1 MΩ。

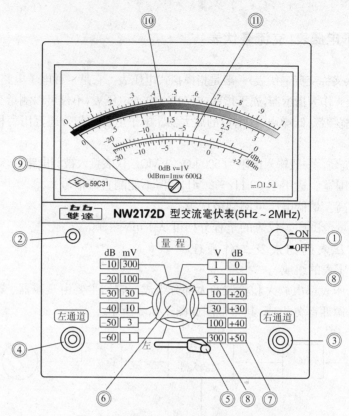

图 1.5.4 NW2172D 型交流毫伏表面板

① —电源开关

② —电源指示灯

③ —信号输入右通道

④ —信号输入左通道

⑤ —通道选择拨动开关(开关置于左(右)时分别表示测量左(右)通道输入的信号;置于中间位置表示左、右通道输入的信号均可测量,但不能同时测量)

⑥ —量程选择旋钮(用以选择仪表的满刻度值)

⑦ —分贝量程(可选择量程为−60 dB ~ +50 dB 共十二挡)

⑧ —电压量程(可选择量程为 1 mV ~ 300 V 共十二挡)

⑨ —机械调零螺丝(在不通电及无测试信号时进行机械调零。在仪表通电后,将测试线的两端短接,仪表有自动调零功能)

⑩ —电压指示刻度(测电压选择与 1 相关的量程时读上排与 1 相关的刻度,选择与 3 相关的量程时读下排与 3 相关的刻度)

⑪ —分贝指示刻度(电压的电平由表面读出的刻度值与量程开关所在的位置相加而定)

3)电子电压表使用方法及注意事项

(1)机械调零:仪表接通电源前,应先检查指针是否在零点。如不在零点,应调节机械调零螺丝,使指针位于零点。

(2)仪表在使用前,应先通电预热 20 分钟,中间不使用时亦不要停电,以免影响稳定性。

(3)当仪表输入端连线开路时,由于外界感应信号可能使指针偏转超量限而损坏表头,因此,在测量完毕后,应将测试线两端短接。

（4）正确选择量程：应按被测电压的大小选择合适的量程，使仪表指针偏转至满刻度的1/3以上区域，如果事先不知被测电压的大致数值，应先将量程开关置于大量程，然后再逐步减小量程。

（5）正确读数：根据量程开关的位置，按对应的刻度线读数。

1.5.3　示波器

示波器是一种综合性的电信号测试仪器，其主要特点是：不仅能显示电信号的波形，而且还可以测量电信号的幅度、周期、频率和相位差等；测量灵敏度高，负载能力强；输入阻抗高。因此，示波器是一种应用非常广泛的测量仪器。

根据信号处理技术，示波器可分为模拟示波器和数字示波器两大类型。模拟示波器是应用模拟电子技术处理信号（模拟信号）来显示被测信号电压的波形并进行测量。数字示波器是先通过模数转换器将被测信号电压转变为数字信号，进行处理，再经数模转换电路转变为模拟信号，显现波形。

根据用途，示波器又可分为通用示波器、专用示波器（如高压示波器、高频示波器）、数字存储示波器、数字采样示波器等。

下面仅对常用的模拟式通用双踪示波器加以介绍。

1）示波器的组成及工作原理

（1）示波器的组成

示波器主要由 Y 轴（垂直）放大器、X 轴（水平）放大器、触发器、扫描发生器、示波管及电源六部分组成，其方框图如图 1.5.5 所示。

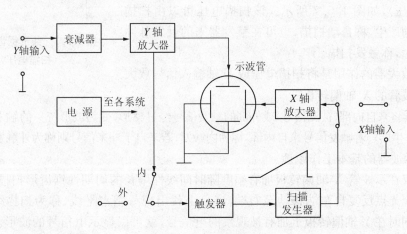

图 1.5.5　示波器框图

示波管是示波器的核心。它的作用是把所观察的电信号变成屏幕上的发光图形。示波管的构造如图 1.5.6 所示，它主要由电子枪、偏转系统和荧光屏三部分组成。

电子枪由灯丝、阴极、控制栅极、第一阳极和第二阳极组成。灯丝通电时加热阴极，使阴极发射出电子。第一阳极和第二阳极分别加有相对于阴极为数百伏和数千伏的正电位，使得阴极发射的电子聚焦成一束，并且获得加速，电子束射到荧光屏上就产生光点。调节控制栅极的电位，可以改变电子束的密度，从而调节光点亮暗的程度。

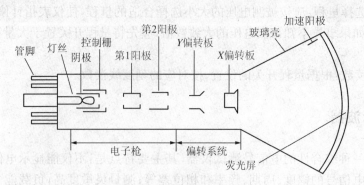

图 1.5.6　示波管的构造

偏转系统包括 Y 轴偏转板和 X 轴偏转板两个部分,它们能将电子束按照偏转板上的信号电压作出相应的偏转,使得荧光屏上能绘出一定的波形。

荧光屏是在示波管顶端内壁上涂有一层荧光物质制成的,这种荧光物质受高能电子束的轰击会产生辉光,而且还有余辉形象,即电子束轰击后产生的辉光不会立即消失,而将延续一段时间。荧光屏上具有刻度线供测量之用,一般 X 轴分为十大格(div),而 Y 轴分为八大格(div)。

由于示波管偏转系统的灵敏度较低,如果偏转板上的电压不够大,就不能使光点在荧光屏上产生足够的位移。为了保证有足够的偏转电压,Y 轴放大器将观察的电信号加以放大后送至 Y 轴的偏转板。

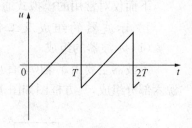

图 1.5.7　线形锯齿波电压
（扫描电压）

扫描发生器的作用是产生一个周期性的线性锯齿波电压(扫描电压),如图 1.5.7 所示。该扫描电压可以由扫描发生器自动产生,称自动扫描,也可在触发器来的触发脉冲作用下产生,称触发扫描。

X 轴放大器的作用是将扫描电压或 X 轴输入信号放大后送到示波管的 X 轴偏转板。

触发器将来自内部(被测信号)或外部的触发信号经过整形,变为波形统一的触发脉冲,用以触发扫描发生器。若触发信号来自内部,称为内触发;若来自于外来信号则称为外触发。

（2）示波器的基本工作原理

如果仅在示波管 X 轴偏转板加有幅度随时间线性增长的周期性锯齿形扫描电压时,示波管屏幕上光点反复自左端移动至右端,屏幕上就出现一条水平线,称为扫描线或时间基线。如果同时在 Y 轴偏转板上加有被观察的电信号,就可以显示电信号的波形。显示波形的过程如图 1.5.8 所示。

为了在荧光屏上观察到稳定的波形,必须使锯齿波的周期 T_X 和被观察信号的周期 T_Y 相等或成整数倍关系。否则稍有相差,所显示的波形就会向左或向右移动。例如当 $T_Y<T_X<2T_Y$ 时,第一次扫描显示的波形如图 1.5.9 中 0~4 所示,而第二次扫描显示的波形如图 1.5.9 中 4'~8 所示。两次扫描显示波形不相重合,其结果是好像波形不断向左移动。同理,当 $T_X<T_Y<2T_X$ 时,显示波形会不断向右移动。为了使波形稳定的措施称为同步,现在最常用的方法是触发同步。

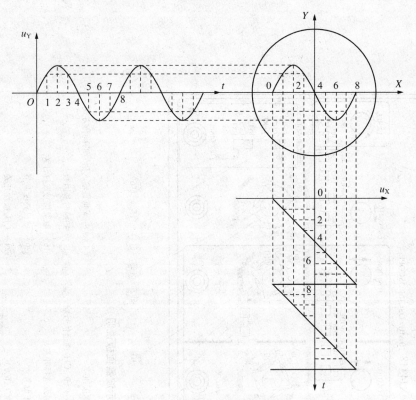

图 1.5.8　显示波形的原理图

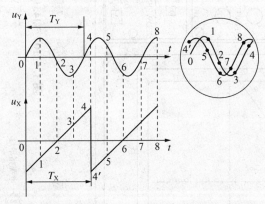

图 1.5.9　$T_Y < T_X < 2T_Y$ 时波形向左移动示意图

2）示波器面板操作系统说明

图 1.5.10 为 XJ4318 型示波器面板说明。

图 1.5.11 为 MOS-6xx 型示波器的面板说明。

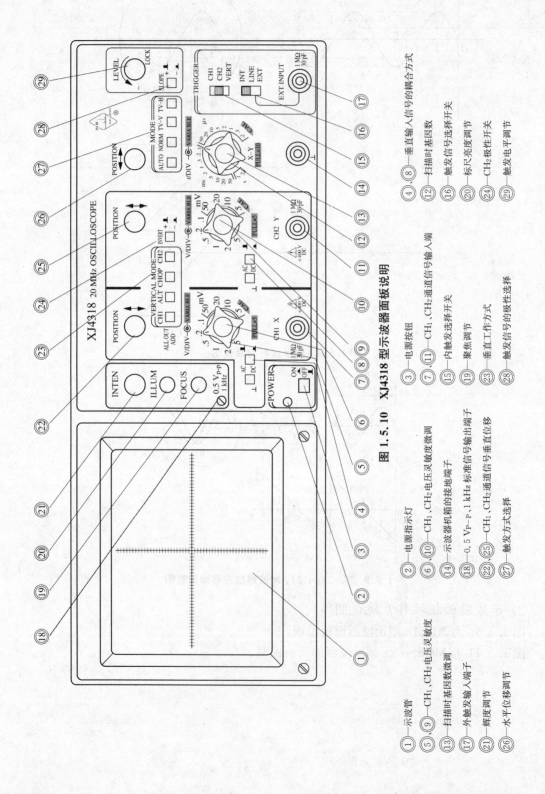

图 1.5.10 XJ4318 型示波器面板说明

① — 示波管
② — 电源指示灯
③ — 电源按钮
④、⑧ — 垂直输入信号的耦合方式
⑤ — CH₁,CH₂ 电压灵敏度
⑥、⑩ — CH₁,CH₂ 电压灵敏度微调
⑦、⑪ — CH₁,CH₂ 通道信号输入端
⑨ — 扫描时基因数
⑬ — 扫描时基因数微调
⑭ — 示波器机箱的接地端子
⑮ — 内触发选择开关
⑫ — 触发信号选择开关
⑰ — 外触发输入端子
⑱ — 0.5 Vₚ₋ₚ,1 kHz 标准信号输出端子
⑲ — 聚焦调节
⑯ — 触发信号选择开关
㉑ — 辉度调节
㉒、㉕ — CH₁,CH₂ 通道信号垂直位移
㉓ — 垂直工作方式
⑳ — 标尺亮度调节
㉖ — 水平位移调节
㉗ — 触发方式选择
㉘ — 触发信号的极性选择
㉔ — CH₂ 极性开关
㉙ — 触发电平调节

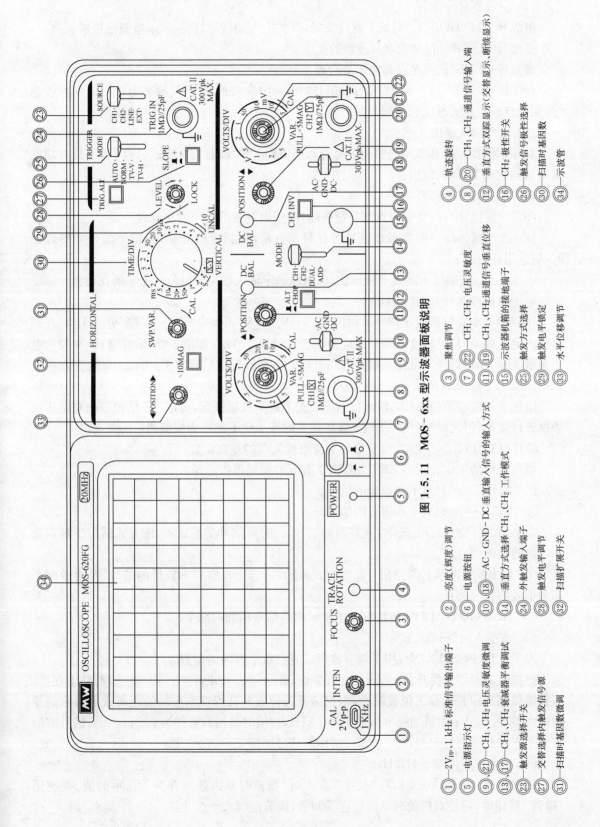

图 1.5.11　MOS-6xx 型示波器面板说明

① — 2V$_{pp}$、1 kHz 标准信号输出端子
⑤ — 电源指示灯
⑨、㉑ — CH$_1$、CH$_2$ 电压灵敏度微调
⑬、⑰ — CH$_1$、CH$_2$ 衰减器平衡调试
㉓ — 触发源选择端子
㉗ — 交替选择内触发信号源
㉛ — 扫描时基因数微调

② — 亮度（辉度）调节
⑥ — 电源按钮
⑩、⑱ — AC – GND – DC 垂直输入信号的输入方式
⑭ — 垂直方式选择 CH$_1$、CH$_2$ 工作模式
㉔ — 外触发输入端子
㉘ — 触发发电平调节
㉜ — 扫描扩展开关

③ — 聚焦调节
⑦、㉒ — CH$_1$、CH$_2$ 通道信号垂直位移
⑪、⑲ — CH$_1$、CH$_2$ 通道信号垂直位移
⑮ — 示波器机箱的接地端子
㉕ — 触发发方式选择
㉙ — 触发发电平锁定
㉝ — 水平位移调节

④ — 轨迹旋转
⑧、⑳ — CH$_1$、CH$_2$ 通道信号输入端
⑫ — 垂直方式双踪显示（交替显示、断续显示）
⑯ — CH$_2$ 极性开关
㉖ — 触发发信号极性选择
㉚ — 扫描时基因数
㉞ — 示波管

（1）示波器显示部分

电源开关(POWER)。当按下此开关时,开关上方的指示灯亮,表示电源已接通。

亮度(INTEN)。控制光点和波形的亮度。

聚焦(FOCUS)。使光点和波形最清晰。

标准信号($0.5\,V_{P-P}$　1 kHz)。此端口输出一个峰-峰值 0.5 V、频率为 1 kHz 的方波信号,用以自校电压灵敏度和扫描时基因数。

（2）垂直输入通道

双踪示波器具有基本相同的两个通道,分别标记为 "CH1"、"CH2"。该两通道具有功能基本相同的如下开关、键钮:

输入耦合方式选择开关($AC - DC - \perp$)

AC(交流耦合):信号中的直流分量被隔开,用以观察信号中的交流成分。

DC(直流耦合):当需要观察信号所有频率分量,包括直流分量,或被测信号频率较低时,应选用此方式。

$\perp$(接地):仪器输入端处于接地状态,用以确定输入端为零电位时光迹所在位置。

电压灵敏度选择开关(V/DIV)

用以选择垂直轴的电压偏转灵敏度,从 $5\,mV \sim 5\,V/div$,按 1—2—5 进制分为十挡。在测量输入电压幅值时,灵敏度微调开关应处在校正位置"CAL"。如用本机"标准信号"来校验电压灵敏度开关时,选择的电压灵敏度为 0.1 V/div,那么标准信号波形(方波)在垂直方向显示的高度 $H = 5\,div$(格)。

电压灵敏度微调(VARIABLE)。当该开关不置于校正位置,可在 2.5 倍范围内对电压灵敏度进行微调,但此时"电压灵敏度"选择开关的指示已不能作为幅值测量的基准。

位移(POSITION)旋钮。可平稳调节波形或光点的垂直位置。

垂直系统的工作方式(VERT MODE)有五种模式可供选择:

① "CH1"—— 只显示通道 1 的信号。

② "CH2"—— 只显示通道 2 的信号。

③ "ALT"(交替):用于同时观察两路信号,此时两信号交替显示,该方式适用于观察频率较高的被测信号。

④ "CHOP"(断续):两路信号断续方式显示,适合于观察频率较低的信号,及比较两个相关信号的相位关系。

⑤ "ALL OUT ADD"(相加):用于显示两路信号相加的结果。

（3）水平方向(扫描)部分

水平位移(POSITION):用于调节波形或光点水平方向的位置。

扫描时基因数选择开关(t/div):由 $0.2\,ms/div \sim 0.2\,s/div$,按 1—2—5 进制,共十九挡。当扫描微调旋钮置于校正位置时,可根据该开关位置和波形在水平轴的距离读出被测信号的时间参数。如显示本机的标准信号 $f = 1\,kHz$,扫描时基因数选择为 0.1 ms/div。信号波形在水平方向的周期显示为 $X = 10\,div$。则标准信号周期 $T = X \times t/div = 10\,div \times 0.1\,ms/div = 1\,ms$,频率 $f = 1/T = 1\,kHz$。

扫描微调(VARIABLE):在"校准"位置时,扫描时基因数为开关所指示的值。在使用"微调"旋钮时,可使对应的时基因数连续调节,调节范围大于 2.5 倍。

触发方式开关(MODE)：

① 自动(AUTO)：当无触发信号输入时，扫描电路处于自激状态，屏幕上显示扫描基线。一旦有触发信号输入，电路自动转换为触发扫描状态。调节"触发电平"可使波形稳定。

② 常态(NORM)：触发扫描方式。无信号输入时，屏幕上无光迹显示，有信号输入且"触发电平"旋钮在合适位置时，扫描电路被触发扫描。

③ TV－V：电路处于电视场同步。

④ TV－H：电路处于电视行同步。

触发电平旋钮(LEVEL)：用以调节在被测信号变化至某一电平时触发扫描。当触发方式选择在"自动"状态，"触发电平"处在锁定"LOCK"位置时，此时触发点将自动处于被测波形的中心电平附近。

触发极性开关(SLOPE)：用于选择信号的上升沿或下降沿触发。如图 1.5.12 所示。

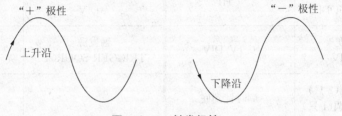

图 1.5.12　触发极性

触发源开关(TRIGGER)：

① "内"(INT)触发：触发信号来自 Y 放大器的输入信号("CH1"或"CH2")。

② "外"(EXT)触发：外触发输入的外接信号为触发信号，用于特殊信号的触发。

③ 电源触发(LINE)：信号来自电源波形，当垂直输入信号和电源频率成倍数关系时，可用这种触发源。

内触发选择开关：在选择"内"触发时，如示波器工作在双踪显示状态，需要确定用"CH1"还是用"CH2"的信号来作为"内"触发源。

CH1(通道 1)：在双踪显示时，触发信号来自通道 1。单踪显示时，触发信号来自被显示的信号。

CH2(通道 2)：在双踪显示时，触发信号来自通道 2。单踪显示时，触发信号来自被显示的信号。

3) 示波器的测量方法

(1) 基本操作要点

① 显示水平扫描基线：将示波器输入耦合开关置于接地(⊥)，垂直工作方式开关置于交替(ALT)，扫描方式置于自动(AUTO)，扫描时基因数开关置于 0.5 ms/div，此时在屏幕上应出现两条水平扫描基线。如果没有，可能原因是辉度太暗，或是垂直、水平位置不当，应加以适当调节。

② 用本机标准信号进行自检：将通道 1(CH1)输入端探头接至标准信号输出端，按表 1.5.1所示调节面板上开关、旋钮，此时在屏幕上应出现一个周期性的方波，如果波形不稳定，可调节触发电平(LEVEL)旋钮。若探头采用 1∶1，则波形在垂直方向应占 5 格(div)，波形的一个周期在水平方向应占 2 格(div)。如图 1.5.13 所示，此时说明示波器经自

检表明工作基本正常。

表 1.5.1　自检时，开关、旋钮的位置

控制件名称	作用位置	控制件名称	作用位置
亮度 INTENSITY	中间	输入耦合方式 AC—GND—DC	AC
聚焦 FOCUS	中间	扫描方式 SWEEP MODE	自动
位移(3 只) POSITION	中间	触发极性 SLOPE	+
垂直工作方式 VERTICAL MODE	CHI	扫描时基因数 t/DIV	0.2 ms/DIV
电压灵敏度 VOLTS/DIV	0.1V/DIV	触发源 TRIGGER SOURCE	CH1
电压灵敏度微调(2 只) 扫描时基因数微调(1 只)	顺时针到底		

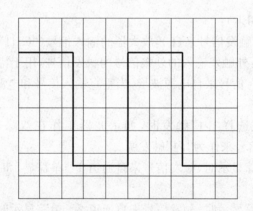

图 1.5.13　示波器自检信号

　　③ 观察被测信号：将被测信号接至通道 1(CH1)输入端(若需同时观察两个被测信号，则分别接至通道 1、通道 2 输入端)，面板上开关、旋钮位置参照表 1.5.1，且适当调节 V/div、t/div、LEVEL 等开关和旋钮，使在屏幕上显示稳定的被测信号波形。

　　(2) 电压测量

　　在测量时应把垂直微调旋钮顺时针旋至校准位置，这样可以按 V/div 的指示值计算被测信号的电压大小。由于被测信号一般含有交流和直流两种分量，因此在测试时应根据下述方法操作。

　　① 交流电压的测量

　　当只需测量被测信号的交流分量时，应将 Y 轴输入耦合开关置于 AC 位置，调节 V/div 开关。使屏幕上显示的波形幅度适中，调节 Y 轴位移旋钮，使波形显示值便于读数，如

图 1.5.14 所示。根据 V/div 的指示值和波形在垂直方向的高度 H(div)，被测交流电压的峰-峰值可由下式算出：

$$U_{\text{P-P}} = \text{V/div} \times H(\text{div})$$

如果使用的探头置于 10：1 位置，则应将该值乘以 10。

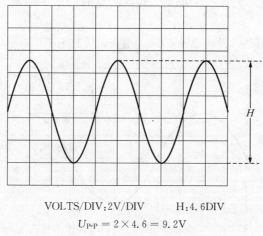

VOLTS/DIV：2V/DIV　　　　H：4.6DIV

$$U_{\text{P-P}} = 2 \times 4.6 = 9.2\text{V}$$

图 1.5.14　交流电压的测量

② 直流电压的测量

当需要测量被测信号的直流分量和含有直流分量的电压时，应先将 Y 轴输入耦合方式开关置于 GND 位置，扫描方式开关置于"AUTO"位置，调节 Y 轴位移旋钮使扫描时间基线在某一合适的位置上，此时扫描基线即为零电平基准线，再将 Y 轴输入耦合方式开关转到 DC 位置。参看图 1.5.15，根据波形偏离零电平基准线的垂直距离 H(div) 及 V/div 的指示值可以算出直流电压的数值：

$$U = \text{V/div} \times H(\text{div})$$

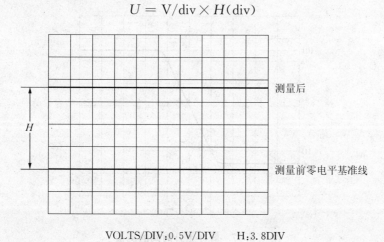

VOLTS/DIV：0.5V/DIV　　　　H：3.8DIV

$$U = 0.5 \times 3.8 = 1.9\text{V}$$

图 1.5.15　直流电压的测量

（3）时间参数的测量

对信号的周期或任意两点之间的时间参数进行测量时，首先水平微调旋钮必须顺时针旋至校准位置。然后,调节有关旋钮,显示出稳定的波形,再根据信号的周期或需测量的两点间的水平距离 $D(\text{div})$ 以及 t/div 开关的指示值,按下式计算时间参数:

$$T = t(\text{ms})/\text{div} \times D(\text{div})$$

① 周期的测量

参见图 1.5.16,如波形完成一个周期,A、B 两点间的水平距离为 8(div),t/div 设置在 0.2 ms/div,则周期为:

$$T = 2\text{ ms/div} \times 8\text{ div} = 16\text{ ms}$$

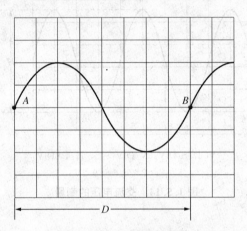

图 1.5.16　周期的测量

② 脉冲上升时间的测量

参看图 1.5.17,如波形上升沿 10% 处(A 点)至 90% 处(B 点)的水平距离 D 为 1.8(div),t/div 置于 1 μs/div,那么上升时间:

$$t_\text{r} = 1\text{ μs/div} \times 2\text{ div} = 2\text{ μs}$$

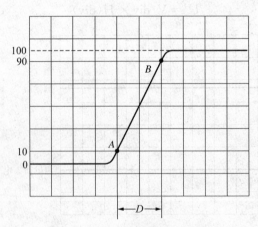

图 1.5.17　脉冲上升时间的测量

③ 脉冲宽度的测量

参看图 1.5.18,如波形上升沿 50% 处(A 点)至下降沿 50% 处(B 点)间的水平距离 D 为 5(div),t/div 开关置于 0.1 ms/div,则脉冲宽度为:

$$T_\text{p} = 0.1\text{ ms/div} \times 5\text{ div} = 0.5\text{ ms}$$

④ 两个相关信号时间差的测量

将内触发选择开关置于作为测量基准的通道,根据两个相关信号的频率,选择合适的扫描时基因数 t/div,将垂直工作方式开关置于 ALT(交替)或 CHOP(断续)位置,双踪显示出信号波形,如图 1.5.19 所示。

如 $t/\text{div}=50\ \mu\text{s}/\text{div}$,两测量点间的水平距离 D 为 3(div),则时间差为:

$$t = 50\ \mu\text{s}/\text{div} \times 3\ \text{div} = 150\ \mu\text{s}$$

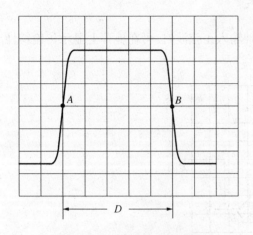

图 1.5.18　脉冲宽度的测量

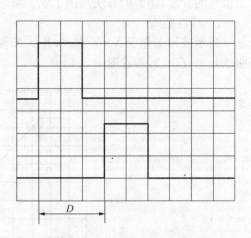

图 1.5.19　两信号时间差的测量

(4) 频率的测量

对于周期性信号的频率测量,可先测出该信号的周期 T,再根据公式:

$$f(\text{Hz}) = \frac{1}{T(\text{s})}$$

计算出频率的数值。

例如,测出信号的周期为 16 ms,那么频率为:

$$f = \frac{1}{T} = \frac{1}{16 \times 10^{-3}} = 62.5\ \text{Hz}$$

(5) 测量两个同频信号的相位差

将内触发选择开关置于信号超前的通道,采用双踪显示,在屏幕上显示出两个信号的波形。由于一个周期是 360°,因此,根据信号一个周期在水平方向上的长度 $L(\text{div})$,以及两个信号波形上对应点 (A, B) 间的水平距离 $D(\text{div})$,参看图 1.5.20 由下式可计算出两信号之间的相位差:

$$\varphi = \frac{360^{\circ}}{L(\text{div})} \times D(\text{div})$$

通常为读数方便起见,可调节水平微调旋钮,使得一个周期占 9 格,即 $L=9\ \text{div}$,那么 1 格表示的相位差为 40°,相位差为:

$$\varphi = 40^{\circ}/\text{div} \times D(\text{div})$$

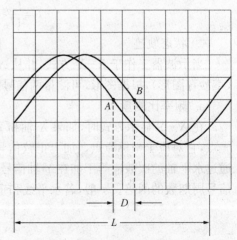

图 1.5.20　两同频率信号相位差的测量

例如,图 1.5.20 中信号的一个周期占 9 格,两个信号对应点 A、B 间水平距离为 1 格,则相位差为:

$$\varphi = 40°/\text{div} \times 1\ \text{div} = 40°$$

(6) X-Y 工作方式

示波器的 X-Y 工作方式可以用来显示元件或电路的特性曲线以及状态轨迹。示波器 X-Y 工作方式是将两个互相关联的电信号分别从 X 轴和 Y 轴输入,显示的图形则是这两个信号的合成,图解的方法与图 1.5.8 所示的相类似。

① 特性曲线

当示波器工作于 X-Y 方式,并从 X 轴和 Y 轴输入正弦波时,可在屏幕上显示传输特性曲线 $U_o = f(U_i)$,参看图 1.5.21。

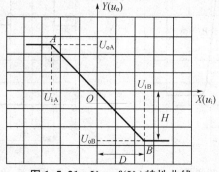

图 1.5.21　$U_o = f(U_i)$ 特性曲线

在 X-Y 显示方式时,如果 X 轴和 Y 轴信号电压为零,则荧光屏仅在中心位置显示一个光点,它对应于坐标原点"O"。

读出 X 轴上 A、B 两点的电压 U_{iA}、U_{iB},例:

$$U_{iB} = D(\text{div}) \times U_X/\text{div} = 2.5 \times 0.5\ \text{V/div} = 1.25\ \text{V}$$

读出 Y 轴上 A、B 两点的电压 U_{oA}、U_{oB},例:

$$U_{oB} = -H(\text{div}) \times U_Y/\text{div} = -2.5\ \text{div} \times 5\ \text{V/div} = -12.5\ \text{V}$$

通过测量数据,可以计算特性曲线的斜率,或者 U_o 与 U_i 之间的放大倍数。

$$k = \frac{U_{oB}}{U_{iB}} = \frac{-12.5\ \text{V}}{1.25\ \text{V}} = -10$$

② 状态轨迹

当示波器工作于 X-Y 方式,并从 X 轴和 Y 轴输入正弦波时,可在屏幕上显示状态轨迹(李沙育图形),根据图形,可测量两信号的频率比和相位差。

a. 频率比测量

在 X-Y 显示方式时,如果 X 轴和 Y 轴信号电压为零,则荧光屏仅在中心位置显示一个光点,它对应于坐标原点。加上正弦信号后,由于信号每周期内会有两次信号值为零,因此通过水平轴的次数应等于加在 Y 轴信号周期数的两倍,通过垂直轴的次数应等于加在 X 轴信号周期数的两倍。一般,若水平线和垂直线与李沙育图形的交点分别为 $n_H = m$,$n_V = n$,则

$$\frac{T_X}{T_Y} = \frac{f_Y}{f_X} = \frac{n_H}{n_V} = \frac{m}{n}$$

例如,图 1.5.22 中,在"8"字分别作一条水平线和一条垂直线,可见,通过水平线的次数为 4 次,通过垂直线的次数为 2 次,可得

$$\frac{T_X}{T_Y}=\frac{f_Y}{f_X}=\frac{4}{2}=2$$

若已知其中一个信号的频率,则可算得另一个信号的频率。

注意,当所作的水平线和垂直线与图形的交点是两条光迹的交点(如图中的 O 点)时,应算作相交两次。

当两个信号的周期不成整数倍时,显示的波形不稳定,且会周期性变化。此法准确度较差,一般只用于进行粗测和频率比较。

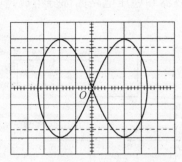

图 1.5.22　李沙育图形法测频率比

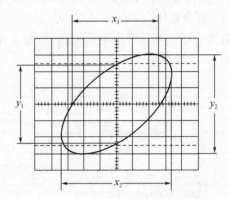

图 1.5.23　李沙育图形法测相位差

b. 相位差测量

将两同频率的正弦信号分别输入到示波器的 X 轴和 Y 轴,则可在屏幕上显示一个椭圆,如图 1.5.23 所示。此时,可算得两信号的相位差为

$$\Delta\varphi=\arcsin\frac{x_1}{x_2}=\arcsin\frac{y_1}{y_2}$$

此法只能算出相位差的绝对值,而不能决定其符号。

若图中 $y_1=4.8\text{ div}$,$y_2=6.0\text{ div}$,则

$$\Delta\varphi=\arcsin\frac{4.8\text{ div}}{6.0\text{ div}}=53°$$

4) 示波器使用注意事项

为了安全起见,正确使用示波器必须注意以下几点:

(1) 使用前,应检查电网电压是否与仪器要求的电源电压相一致。

(2) 显示波形时,亮度不宜过亮,以延长示波管的寿命。若中途暂不观测波形,可将亮度调低。不要频繁操作电源开关。

(3) 定量观测波形时,应尽量在屏幕中心区域进行,以减少测量误差。

(4) 被测信号电压(直流加交流的峰值)的数值不应超过示波器允许的最大输入电压。

(5) 调节各种开关、旋钮时,不要过分用力,以免损坏机件。

(6) 探头和示波器应配套使用,不要互换,否则可能导致误差或波形失真。

(7) 光点不要长时间停留在一点上,以免损伤荧光屏。

(8) 示波器的地端应与被测信号电压的地端接在一起,以避免引入干扰信号。

(9) 示波器的 Y 轴输入与 X 轴输入的地端是连通的,若同时使用 X、Y 两路输入时,公共地线不要接错。

1.5.4　直流稳压电源

直流稳压电源是将交流电压变为稳定的、输出功率符合要求的直流电的设备。各种电子电路都需要直流电源供电,所以直流稳压电源是各种电子电路或仪器供电不可缺少的设备。

1) 直流稳压电源的组成及工作原理

(1) 直流稳压电源的组成

直流稳压电源通常由电源变压器、整流电路、滤波器和稳压电路四部分组成,其原理框图如图 1.5.24 所示。

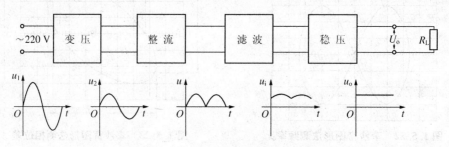

图 1.5.24　直流稳压电源组成框图

(2) 直流稳压电源的工作原理

各部分的作用及工作原理是:

① 电源变压器:将交流市电电压(220 V)变换为符合整流需要的电压数值。

② 整流电路:将交流电压变为单向脉动直流电压。整流是利用二极管的单向导电性来实现的。

③ 滤波器:将脉动直流电压交流分量滤去,形成平滑的直流电压。滤波可采用电容、电感、电阻—电容来实现。

④ 稳压电路:其作用是当交流电网电压波动或负载变化时,保证输出直流电压稳定。

2) 直流稳压电源面板操作系统

图 1.5.25 为 DF1731S 型稳压电源的面板图说明。

3) 直流稳压电源的使用方法

现在以电工电子实验室常用的稳压电源 DF1731S 型为例进行说明。DF1731S 型稳压电源是一种三路输出的高精度直流稳压电源。其中二路为输出大小可调的电压源,另一路为输出电压固定为 5 V 的电压源。二路可调电源可以单独,或进行串联、并联运用。

(1) 二路可调电源独立使用

将二路电源独立、串联、并联控制开关⑬和⑭均置于弹起位置,为二路可调电源独立使用状态。此时,二路可调电源分别可作为稳压源、稳流源使用,也可在作为稳压源使用时设定限流保护值。

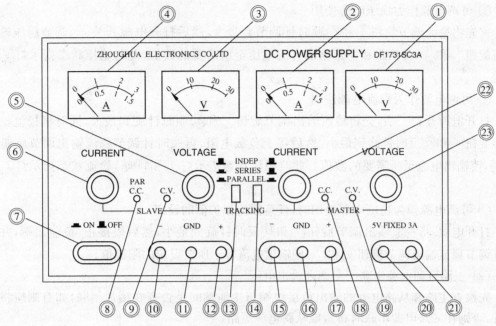

图 1.5.25　DF1731S 型稳压电源的面板图

① —主路电压表:指示主路输出电压值

② —主路电流表:指示主路输出电流值

③ —从路电压表:指示从路输出电压值

④ —从路电流表:指示从路输出电流值

⑤ —从路稳压输出调节旋钮:调节从路输出电压值(最大为 30 V)

⑥ —从路稳流输出调节旋钮:调节从路输出电流值(最大为 30 A)

⑦ —电源开关:此开关被按下时,电源接通

⑧ —从路稳流状态或二路电源并联状态指示灯:当从路电源处于稳流工作状态或二路电源处于并联状态时,此指示灯亮

⑨ —从路稳压指示灯:当从路电源处于稳压工作状态时,此指示灯亮

⑩ —从路直流输出负接线柱:从路电源输出电压的负极

⑪ —机壳接地端

⑫ —从路直流输出正接线柱:从路电源输出电压的正极

⑬ —二路电源独立、串联、并联控制开关

⑭ —二路电源独立、串联、并联控制开关

⑮ —主路直流输出负接线柱:主路电源输出电压的负极

⑯ —机壳接地端

⑰ —主路直流输出正接线柱:主路电源输出电压的正极

⑱ —主路稳流状态指示灯:当主路电源处于稳流工作状态时,此指示灯亮

⑲ —主路稳流状态指示灯:当主路电源处于稳流工作状态时,此指示灯亮

⑳ —固定 5 V 直流电源输出负接线柱

㉑ —固定 5 V 直流电源输出正接线柱

㉒ —主路稳流输出调节旋钮:调节主路输出电流值(最大为 3 A)

㉓ —主路稳压输出调节旋钮:调节主路输出电压值(最大为 30 V)

① 可调电源作为稳压电源使用

首先将稳流调节旋钮⑥和㉒顺时针调节到最大,然后打开电源开关⑦,调节稳压输出调节旋钮⑤和㉓,使从路和主路输出直流电压至所需要的数值,此时稳压状态指示灯⑨和⑲亮。

② 可调电源作为稳流电源使用

打开电源开关⑦后,先将稳压输出调节旋钮⑤和㉓顺时针旋到最大,同时将稳流输出调节旋钮⑥和㉒反时针旋到最小,然后接上负载电阻,再顺时针调节稳流输出调节旋钮⑥和㉒,使输出电流至所需要的数值。此时稳压状态指示灯⑨和⑲暗,稳流状态指示灯⑧和⑱亮。

③ 可调电源作为稳压电源使用时,任意限流保护值的设定

打开电源,将稳流输出调节旋钮⑥和㉒反时针旋到最小,然后短接正、负输出端,并顺时针调节稳流输出调节旋钮⑥和㉒,使输出电流等于所要设定的限流值。

(2) 二路可调电源串联——调高输出电压

先检查主路和从路电源的输出负接线端与接地端间是否有联接片相联,如有则应将其断开,否则在二路电源串联时将造成从路电源短路。

将从路稳流输出调节旋钮⑥顺时针旋到最大,将二路电源独立、串联、并联开关⑬按下,⑭置于弹起位置,此时二路电源串联,调节主路稳压输出调节旋钮㉓,从路输出电压严格跟踪主路输出电压,在主路输出正端⑰与从路输出负端⑩间最高输出电压可达 60 V。

(3) 二路可调电源并联——调高输出电流

将二路电源独立、串联、并联开关⑬和⑭均按下,此时二路电源并联,调节主路稳压输出调节旋钮㉓,指示灯⑧亮。调节主路稳流输出调节旋钮㉒,两路输出电流相同,总输出电流最大可为 6 A。

4) 直流稳压电源的使用注意事项

(1) 仪器背面有一电源电压(220/110 V)变换开关,其所置位置应和市电 220 V 一致。

(2) 二路电源串联时,如果输出电流较大,则应用适当粗细的导线将主路电源输出负端与从路电源输出正端相连。在二路电源并联时,如输出电流较大,则应用导线分别将主、从电源的输出正端与正端、负端与负端相联接,以提高电源工作的可靠性。

(3) 该电源设有完善的保护功能(固定 5 V 电源具有可靠的限流和短路保护,二路可调电源具有限流保护),因此当输出发生短路时,完全不会对电源造成任何损坏。但是短路时电源仍有功率损耗,为了减少不必要的能量损耗和机器老化,所以应尽早发现短路并关掉电源,将故障排除。

第 2 篇 电工基础实验

2.1(实验 1) 基本电工仪表的使用与仪表误差

2.1.1 实验目的

(1) 熟悉常用基本电工仪表的使用方法和注意事项。
(2) 熟悉电压源和电流源的特性与使用注意事项。
(3) 掌握电工仪表内阻的测量方法。
(4) 掌握电工仪表准确度的校验方法。

2.1.2 实验原理

1) 电工仪表的使用方法与注意事项

实验中经常需要测量电路各部分的电压、电流,通常采用各种类型的直读式电工仪表与被测电路作适当的连接就可以读出被测的量。

电工仪表使用时应注意:电压表在测量电路中某两点之间的电压时,应与该两点并联连接,电流表在测量电路某一支路中电流时,应与该支路串联连接。直流电压表连接时,正极应接高电位端,负极接低电位端;直流电流表连接时,正极应是电流流入端,负极是电流流出端,否则指针会反偏。另外应正确选择仪表的量程,被测量的大小不能超过量程。

为了较准确地测量出电路中实际电压、电流值,首先必须保证仪表接入电路后不会改变被测电路的原来状态,这就要求电压表的内阻 R_V 为无限大,电流表的内阻 R_A 为零。实际使用的电工仪表一般都不可能满足上述要求,因此当仪表接入电路时,都会使电路原来状态产生变化,使被测量的数值与电路原来实际值之间产生测量误差。

测量误差的大小与仪表内阻的大小密切相关,因此在测量前还应熟悉所使用的仪表的内阻,这对提高测量结果的准确度有重要意义。

2) 电压源与电流源

电压源的输出电压为恒定值,其大小由它自身特性决定,而与流经它的电流大小、方向无关,电压源的输出电流大小由它与外接电路的情况共同决定。电压源使用时不允许输出端短路,否则会产生很大的短路电流。

电流源的输出电流为恒定值,其大小由它自身特性决定,而与它的端电压大小、方向无关,电流源的两端电压大小由它与外部电路的情况共同决定。电流源使用时不允许两端开路,否则两端会产生很大的电压。

电压源和电流源的伏安特性如图 2.1.1 所示。

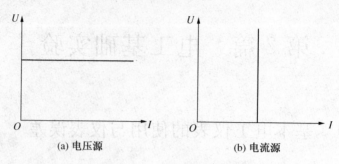

(a) 电压源　　　　　　　　　(b) 电流源

图 2.1.1　电压源和电流源

　　电压源和电流源均属于无穷大功率源,是理想的,在实际中是不存在的,而发电机、电池等电源的输出电压基本不变,可视为电压源;光电池的输出电流基本不变,可视为电流源。

　　本实验中使用的电压源和电流源的输出电压或输出电流的大小可调,称为可调电压源和可调电流源。

　　3) 仪表内阻的测量方法

　　测量电流表内阻 R_A 可采用半偏转法,如图 2.1.2 所示。图中 A 为被测电流表,I_g 和 R_A 为其满偏转电流和内阻,R 为可调电阻箱,R_1 为固定电阻,K 为单刀开关。

　　测试时先打开 K,调节电流源输出电流使电流表指针满偏转,即 $I = I_S = I_g$。然后维持电流源输出电流不变,合上开关 K,调节电阻箱 R 的阻值使电流表指针在 $\frac{1}{2}$ 满偏转位置,即 $I = \frac{1}{2} I_g = \frac{1}{2} I_S$。由并联分流原理,则 $R_A = \dfrac{R R_1}{R + R_1}$,即 R_A 等于 R_1 与 R 的并联值。

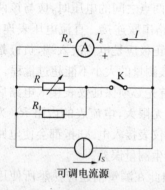

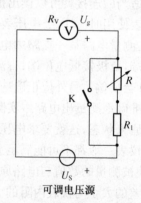

图 2.1.2　半偏转法测量电流表内阻　　　**图 2.1.3　半偏转法测量电压表内阻**

　　由于 R_1 选用小电阻,R 选用较大电阻,则可实现小阻值范围内的细微平滑调节。

　　测量电压表内阻 R_V 采用半偏转法,如图 2.1.3 所示。图中 V 为被测电压表,U_g 和 R_V 为其满偏转电压和内阻,R 为可调电阻箱,R_1 为固定电阻。

　　测量时先将开关 K 闭合,调节电压源输出电压使被测电压表指针满偏转,即 $U = U_S = U_g$。然后保持电压源输出电压不变,打开 K,调节电阻箱 R 的数值,使电压表指针在 $\frac{1}{2}$ 满偏转位置,即 $U = \frac{1}{2} U_g = \frac{1}{2} U_S$。

根据串联分压原理,则 $R_V = R + R_1$。

4) 仪表准确度的校验

任何仪表的测量指示值 X 与被测量的真值 X_0 总会存在误差。

绝对误差为:
$$\Delta X = X - X_0$$

相对误差为:
$$\gamma = \frac{\Delta X}{X_0} \times 100\%$$

而仪表的准确度是用最大引用误差 γ_{nm} 来描述的。
$$\gamma_{nm} = \frac{\Delta X_m}{X_n} \times 100\%$$

式中: ΔX_m——仪表在量程范围内的最大绝对误差;

　　　X_n——仪表的量程。

根据我国国家标准 GB776-65 的规定,目前我国生产的电气测量指示仪表,按最大引用误差,可将其准确度等级分为 0.1、0.2、0.5、1.0、1.5、2.5、5.0 共七个等级。如果仪表为 a 级,则说明该仪表的最大引用误差 γ_{nm} 不超过 $\pm a\%$。

在实际校验中,用比被校电表准确度等级高 1~2 级的标准表的示值作为 X_0。

电流表校验电路如图 2.1.4 所示,图中 A_0 为标准表,A 为被校表。

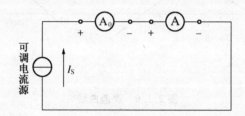

图 2.1.4　电流表校验电路

电压表的校验电路如图 2.1.5 所示,图中 V_0 为标准表,V 为被校表。

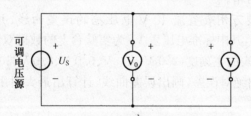

图 2.1.5　电压表校验电路

2.1.3　实验内容与实验电路

1) 测定 MF-47 型万用表直流 5 mA 电流挡的内阻 R_A

实验电路如图 2.1.2 所示,其中可调电流源用 THEE-1 型高性能电工技术实验台(详见附录)中输出为 0~500 mA 的可调电流源,取 $R_1 = 100\ \Omega$,R 为标准电阻箱。

2) 测定 MF-47 型万用表直流 50 mA 电流挡的误差曲线,并确定其准确度等级

实验电路如图 2.1.4 所示,标准电流表 A_0 为实验台上的数模双显直流电流表。

校表时通常对被校表的主刻度进行校验,例如 50 mA 挡,实验时调节可调电流源,使 A 的示值依次为 10.0、20.0、30.0、40.0、50.0 mA,同时记下相应 A_0 的数值,将数据填入表 2.1.1 中。计算出绝对误差 $\Delta I = I - I_0$,画出如图 2.1.6 所示的误差曲线(横轴为被校表测量值 I,纵轴为绝对误差 ΔI,曲线为折线形式)。计算出最大引用误差 $\gamma_{nm} = \dfrac{\Delta I_m}{I_n} \times 100\%$,且确定仪表的准确度等级。

表 2.1.1 电流表校验测量数据

被校表测量值 I(mA)	10.0	20.0	30.0	40.0	50.0
真值 I_0(mA)					
绝对误差 $\Delta I = I - I_0$(mA)					
最大绝对误差 ΔI_m(mA)					

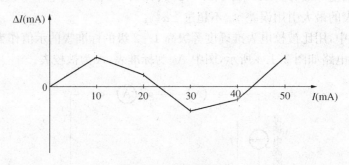

图 2.1.6 误差曲线

3)测定 MF-47 型万用表直流 10 V 电压挡的内阻 R_V

实验线路如图 2.1.3,其中可调电压源用实验台上的输出为 0~30 V 可调电压源。取 $R_1 = 47$ kΩ,R 为标准电阻箱。

4)测定 MF-47 型万用表直流 10 V 电压挡的误差曲线,并确定其准确度等级

实验电路如图 2.1.5,其中标准电压表 V_0 为实验台上的数模双显直流电压表。

实验时,同样对被校表的主刻度(2.0 V、4.0 V、6.0 V、8.0 V、10.0 V)进行校验,将数据填入记录表格中。计算出绝对误差,画出误差曲线,计算出最大引用误差,且确定仪表的准确度等级。

2.1.4 预习要求

(1)了解有关误差和仪表准确度的内容。

(2)掌握万用表的使用方法及注意事项。

2.1.5 思考题

(1)为什么要用半偏转法来测量仪表的内阻?一只量程为 50 mA 的电流表,直接用模拟式万用表欧姆挡来测量其内阻可以吗?为什么?

(2) 根据实验内容 2)所得的误差曲线,确定当被校电流表指示为 35 mA 时,绝对误差 ΔI 为多少? 相应的真值 I_0 为多少?

(3) 根据实验内容 4)所得的误差曲线,确定当被校电压表的指示为 5.0 V 时,绝对误差 ΔV 为多少? 相应的真值 V_0 为多少?

(4) 需要对被校表主刻度零进行校验吗? 为什么?

(5) 使用电压源、电流源的注意事项是什么? 为什么?

2.1.6　仪器与器材

(1) 可调电压源　　　　　　　　　　　　　　　　1 台
(2) 可调电流源　　　　　　　　　　　　　　　　1 台
(3) 直流电流表、直流电压表　　　　　　　　　　各 1 只
(4) 标准电阻箱　　　　　　　　　　　　　　　　1 只
(5) MF-47 型万用表　　　　　　　　　　　　　　1 只

2.2(实验 2)　电路元件的伏安特性

2.2.1　实验目的

(1) 掌握元件伏安特性的测试方法。
(2) 掌握由于仪表内阻引起的方法误差及减小方法误差的方法。
(3) 学会伏安特性曲线的绘制。

2.2.2　实验原理

1) 元件的伏安特性

任何一个如图 2.2.1(a)所示的二端元件的特性,都可用该元件两端电压 U 和流过元件的电流 I 之间的函数关系,即伏安特性 $I=f(U)$ 来表示。

线性电阻元件的伏安特性是通过原点的一条直线,如图 2.2.1(b)所示。

非线性元件稳压二极管的伏安特性如图 2.2.1(c)所示,由稳压二极管的正向伏安特性(稳压二极管的正极接高电位、负极接低电位时的伏安特性)可以看出,当正向电压 U 小于阈值(死区)电压 U_{th}(0.5 V 左右)时,正向电流 I 的数值很小(μA 数量级),当电压 U 大于 U_{th} 以后,电流 I 随电压 U 按指数规律变化。由反向伏安特性(稳压二极管的正极接低电位、负极接高电位时)可以看出,当反向电压小于稳定电压 U_z 时,反向电流几乎为 0。当反向电压增加到 U_z 后,击穿区反向电流迅速增大,而端压几乎维持 U_z 不变。

显然,在测这类非线性元件伏安特性时,在曲线曲率大的地方(如 U_{th}、U_z 附近),测量点应多选些。

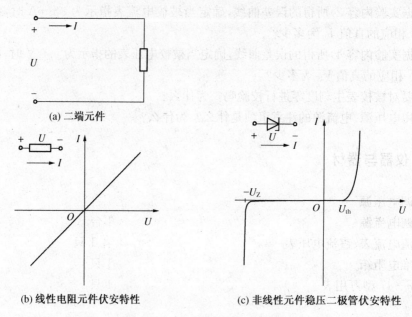

(a) 二端元件

(b) 线性电阻元件伏安特性　　　　　　(c) 非线性元件稳压二极管伏安特性

图 2.2.1　二端元件及其伏安特性

2) 仪表内阻引起的方法误差及减小方法误差的方法

由于电流表的内阻不是理想的为零,电压表的内阻不是理想的为无穷大,因此当仪表接入电路中,总会使原电路发生改变,引起测量误差,这种由于测量方法不完善而产生的误差称为方法误差。减小方法误差的方法是根据被测元件电阻的大小,正确地选择表前法或表后法的仪表连接形式。

（1）表前法

如图 2.2.2 所示,电压表正极接至点 1,从电源端看,电压表接在电流表之前,故称为表前法。在表前法接法下,电压表所测的电压包括电流表内阻 R_A 上的压降,所产生的方法误差为：

$$\gamma_A = \frac{R_A}{R} \times 100\%$$

式中：R_A——电流表的内阻；R——被测电阻的数值。

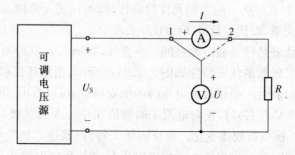

图 2.2.2　线性电阻伏安特性测量电路

可见,当 $R \gg R_A$ 时,其方法误差就很小,所以表前法适用于测量大电阻。

（2）表后法

如图 2.2.2 中,将电压表正极由接至 1 改为接至 2,即为表后法。由于电流表测量的电流包含电压表中所流过的电流,此连接方法所产生的方法误差为:

$$\gamma_V = -\frac{R}{R+R_V} \times 100\%$$

式中:R_V——电压表的内阻。

可见,当 $R_V \gg R$ 时,其方法误差就很小,所以表后法适宜测量阻值小的电阻。

2.2.3　实验内容与实验电路

1) 测量线性电阻 $R = 100\ \Omega$ 的伏安特性

实验电路如图 2.2.2 所示,被测电阻 R 选用电阻箱。

实验时,直流电流表选用 100 mA 量程,直流电压表选用 10 V 量程。分别在表前法及表后法情况下,调节 U_S 的大小,测量电流、电压,计算出电阻的数值,将数据记录于表 2.2.1 中(说明:I 为负值的情况,实际上是将电阻两端连线交换,此时电压 U 也应记为负值),且作出伏安特性曲线 $I = f(U)$(方格纸上,可取电流比例尺为 10 mA/cm,电压比例尺为 1 V/cm)。

以 100 Ω 作为真值,计算出表前法和表后法测量的相对误差。

表 2.2.1　电阻伏安特性测量数据

电流 I(mA)		80	60	40	20	0	−20	−40	−60	−80
表前法	U(V)					0				
	$R = \dfrac{U}{I}(\Omega)$									
	$\overline{R}$(平均值)(Ω)									
表后法	U(V)					0				
	$R = \dfrac{U}{I}(\Omega)$									
	$\overline{R}$(平均值)(Ω)									

2) 测试稳压二极管的正向伏安特性

实验电路如图 2.2.3 所示,其中 R_1 起限流保护的作用。

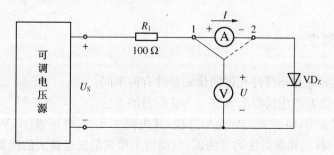

图 2.2.3　稳压管正向特性测量电路

　　因为在$U \leqslant U_{th}$时,电流I很小,稳压二极管相当于一个大电阻,伏安特性的测量应采用表前法;而在$U > U_{th}$以后,电流较大,稳压二极管相当于一个小电阻,应采用表后法。

　　实验时,直流电压表、直流电流表的量程,根据被测量的大小自己选择。

　　实验数据填入表2.2.2中,作出稳压二极管正向伏安特性曲线(方格纸上,可取电压比例尺为0.2 V/cm,电流比例尺为10 mA/cm)。

表 2.2.2　稳压二极管正向伏安特性测量数据

参　数	表　前　法			表　后　法			
I(mA)				2	10	20	40
U(V)	0.4	0.5	0.6				

　　3)测试稳压二极管的反向伏安特性

　　实验电路如图2.2.4所示。

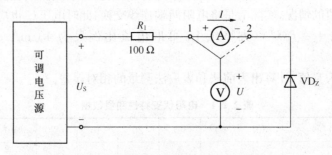

图 2.2.4　稳压管反向特性测量电路

　　在$U < U_z$时,采用表前法测量;在击穿区,采用表后法测量。电压、电流,测量数据填入表2.2.3,画出稳压管反向伏安特性曲线(方格纸上,可取电压比例尺为1 V/cm,电流比例尺为10 mA/cm。若反向伏安特性和正向伏安特性绘在同一张图上,注意应画在第三象限)。

表 2.2.3　稳压二极管反向伏安特性测量数据

参　数	表　前　法			表　后　法			
I(mA)				6	10	20	40
U(V)	2	3	4	4.2			

2.2.4　预习要求

　　(1)搞清线性元件和非线性元件的伏安特性有何不同。

　　(2)搞清方法误差产生的原因和减少方法误差的方法。

　　(3)实验内容1中,电流表100 mA量程,其内阻为1 Ω,电压表10 V量程,其内阻为100 kΩ。计算出表前法和表后法的方法误差,搞清采用表前法还是表后法测量较为合适。

2.2.5　思考题

（1）采用表后法测量电阻，试推导出其所产生的方法误差 γ_V 的表达式。

（2）若有直流电流表量程为 1 mA，内阻为 100 Ω；直流电压表量程为 10 V，内阻为 100 kΩ。欲测量一只阻值约为 15 kΩ 电阻的大小，应采用表前法还是表后法？

（3）实验内容 3，测量稳压二极管反向伏安特性时，在 $U<U_z$ 段采用表前法，在击穿区采用表后法，这是为什么？

2.2.6　仪器与器材

（1）可调电压源　　　　　　　　　　　　　　　　　　1 台
（2）直流电流表、直流电压表　　　　　　　　　　　　各 1 只
（3）电阻 100 Ω、稳压二极管（元件板 HE-11）　　　　各 1 只
（4）标准电阻箱　　　　　　　　　　　　　　　　　　1 只

2.3（实验 3）　基尔霍夫定律

2.3.1　实验目的

（1）深刻理解，熟练掌握基尔霍夫定律。
（2）理解电路中电位的相对性和电压的绝对性。
（3）掌握电路中电流、电压参考方向的概念，以及仪表测量值正负号的决定方法。

2.3.2　实验原理

基尔霍夫定律是电路理论中最基本的定律。基尔霍夫定律有两条：一条是电流定律，另一条是电压定律。

1）基尔霍夫电流定律（KCL）

KCL：任一时刻，流入一个节点的电流代数和为零，即 $\sum I = 0$。

例如图 2.3.1 所示，电路中某节点 N 有五条支路与它相连，各支路电流参考方向（即假定的方向）如图中所示，由 KCL 可得

$$\sum I = I_1 + I_2 + I_3 - I_4 - I_5 = 0$$

上式中是以参考方向流入节点的取"＋"，流出节点的取"－"。

测量时直流电流表按照参考方向接入（即电流表正极为电流流

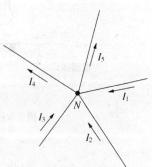

图 2.3.1　节点

入端,负极为电流流出端),若指针正偏,说明电流实际方向与参考方向相同,数据记为正值。若反偏,则应将电流表正负极接线交换后,测量数据记为负值,说明实际电流方向与参考方向相反。

2) 基尔霍夫电压定律(KVL)

KVL:任一时刻,沿回路绕行一周(按顺时针或逆时针方向,一般取顺时针方向)回路中各电压降代数和为零,即 $\sum U = 0$。

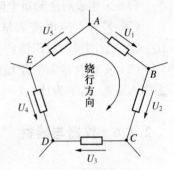

图 2.3.2　回路

例如在图 2.3.2 中,回路 ABCDEA,绕行方向和各电压参考方向如图中所示,以电压参考方向与绕向一致取正号,相反取负号,则可列出 KVL 方程如下:

$$\sum U = U_1 + U_2 + U_3 - U_4 - U_5 = 0$$

测量电压和测量电流类似,同样应注意,测量中实际方向与参考方向一致时,测量值取正值,反之取负值。

3) 电路中电位的相对性,电压的绝对性

在电路中任意选定一个参考点(只能一个),令参考点电位为零,则某一点的电位就是该点与参考点之间的电压。一旦参考点选定以后,各点的电位具有唯一的、确定的值,若参考点的选择不同,则各点的电位也就不同,这就是电位的相对性。而电路中任意两点之间的电压,不会因参考点选择的不同而改变,这就是电压的绝对性。

4) 电流插头与插口

在需要测量电路中多条支路的电流时,并不需要采用多只电流表,而是借助电流插头和电流插口(凡是需要测量电流的支路,均串接一只电流插口),采用一只电流表就可以实现。

电流插头与插口的示意图如图 2.3.3(a)所示,当电流插头插入电流插口时,电流表即被串入支路中,测量该支路的电流,如图 2.3.3(b)所示,电流插口的示意符号如图 2.3.3(c)所示。

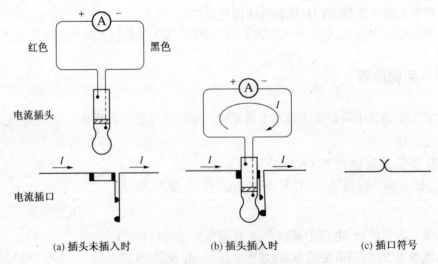

(a) 插头未插入时　　　　(b) 插头插入时　　　　(c) 插口符号

图 2.3.3　电流插头与插口

必须注意的是,当将电流插头的红色连线接至直流电流表的正极,黑色连线接至负极,电流插头插入插口时,直流电流表则是按图中电流参考方向接入的。

2.3.3　实验内容与实验电路

实验电路如图 2.3.4 所示(该图中画出了电流插口符号,为简单起见,本书以后电路图中不再画出电流插口符号),连接好电路,可调电压源输出电压 U 调至 10 V,并保持不变。

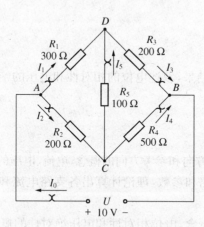

图 2.3.4　基尔霍夫定律实验电路

1) 基尔霍夫电流定律

测量各支路电流,将数据填入表 2.3.1。如果测量数据与理论计算值相差过大,则应仔细检查错误所在。

表 2.3.1　支路电流计算值与测量值

方　式	支　路　电　流					
	I_0	I_1	I_2	I_3	I_4	I_5
计算值(mA)						
测量值(mA)						

按测量值验算 A、B、C、D 各节点的 KCL,并讨论误差是否合理。

(说明:通常测量结果 $\sum I \neq 0$,其数值就是误差,而根据仪表的准确度等级和量程可以决定测量各个量产生的最大误差,以及各个量之和的总误差。请结合思考题 1、2 讨论误差是否合理。)

2) 基尔霍夫电压定律

测量各支路电压,将数据填入表 2.3.2 中。

表 2.3.2　支路电压计算值与测量值

方　式	支　路　电　压				
	U_{DB}	U_{BC}	U_{AC}	U_{CD}	U_{AD}
计算值(V)					
测量值(V)					

按测量值验算 ADCA、DBCD、ADBCA 各回路的 KVL,并讨论误差是否合理。

3) 验证电位的相对性和电压的绝对性

(1) 以 C 为参考点

测出 $U_A=$ 　　, $U_B=$ 　　, $U_D=$ 　　。

计算出 U_{AB}、U_{AC}、U_{AD}。

(2) 以 D 为参考点

测出 $U_A=$ 　　, $U_B=$ 　　, $U_C=$ 　　。

计算出 U_{AB}、U_{AC}、U_{AD}。

根据上面的测量及计算结果,叙述电位的相对性和电压的绝对性。

2.3.4　预习要求

(1) 搞清电流、电压实际方向和参考方向的概念,电流、电压的参考方向有哪些表示方法。

(2) 按图 2.3.4 实验电路和参数,理论计算出各支路电流和两端电压。(在预习报告中应有完整的计算过程)

(3) 搞清电位和电压的概念,电位相对性和电压绝对性的概念。

2.3.5　思考题

(1) 已知仪表准确度 a 级,量程 X_n,如何计算出测量中可能产生的最大误差 ΔX_m。

(2) 在验证 KCL 和 KVL 的过程中,每条支路电流和电压的测量都可能产生误差 ΔX_m,在通过加减运算后,可能产生总的最大误差为各项 ΔX_m 之和。请以此来判别实验结果的误差是否合理(实验中仪表准确度为 0.5 级,电流表量程为 200 mA,电压表量程为 20 V)。

(3) 选用仪表的量程,通常应使指针偏转在 $\frac{1}{2}$ 量程以上,这是为什么?

(4) 惠斯顿电桥测量电阻的工作原理:在图 2.3.4 中,R_2、R_4 的数值已知,R_3 改为电阻箱(其数值可读出),R_1 为数值未知的待测电阻,当调节 R_3 的数值使 $I_5=0$ 时(称为电桥平衡),则有 $R_1=\dfrac{R_2}{R_4}R_3$,试证明该式(可做实验:用惠斯顿电桥测量电阻)。

2.3.6　仪器与器材

(1) 可调电压源　　　　　　　　　　　　　　　　　　　1 台
(2) 直流电流表、直流电压表　　　　　　　　　　　　　各 1 只
(3) 电阻:100 Ω、200 Ω、300 Ω、500 Ω(元件板 HE‐11)　各 1~2 只

2.4(实验 4)　受控源的特性

2.4.1　实验目的

(1) 加深对受控源的理解。
(2) 熟悉受控源特性的测试方法。

2.4.2　实验原理

受控源是用以描述电子器件中控制特性的一种电路模型。其特点是输出端(受控端)为电压源或电流源的特性,而输出电压或电流的大小受输入端(控制端)的电压或电流的控制。根据控制量和受控量的不同,受控源可分为电压控制电压源(VCVS)、电压控制电流源(VCCS)、电流控制电压源(CCVS)和电流控制电流源(CCCS)四种。

四种理想受控源的电路符号如图 2.4.1(a)、(b)、(c)、(d)所示。其中 1—1′为输入端(控制端),2—2′为输出端(受控端)。

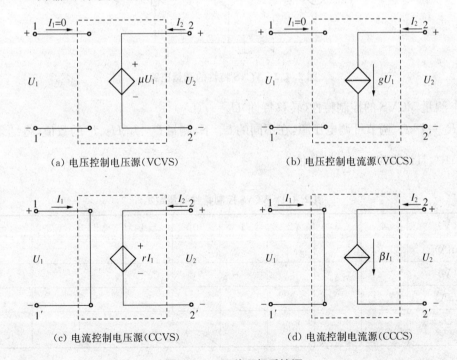

(a) 电压控制电压源(VCVS)　　　　(b) 电压控制电流源(VCCS)

(c) 电流控制电压源(CCVS)　　　　(d) 电流控制电流源(CCCS)

图 2.4.1　四种理想受控源

所谓理想受控源,是指它的控制端和受控端都是理想的。在控制端,电压控制受控源的输入电阻为无穷大,输入电流为零;电流控制受控源输入电阻为零,输入电压为零。在受控端,受控电压源输出电阻为零,输出电压恒定;受控电流源输出电阻为无穷大,输出电流恒定。

　　如果受控源的输出电压或电流和控制它们的电压或电流之间成正比关系,则这种控制作用是线性的,图 2.4.1 中的系数 μ、g、r、β 都是常数。这里应注意 μ、β 是没有量纲的数,g 具有电导的量纲,r 具有电阻的量纲。

　　受控源的特性主要是控制特性(转移特性)和输出特性(伏安特性)两种。控制特性为受控源输出端受控量与输入端控制量之间的关系;输出特性为受控源输出电压与输出电流之间的关系。例如,电压控制电压源的控制特性为 $U_2 = f(U_1)$,输出特性为 $U_2 = f(I_2)$。

　　本实验中,受控源由集成运放、二极管、电阻等元件组成,图 2.4.1(a)、(b)、(c)、(d)虚线框中电路已在实验板上连好(工作时需加 ± 12 V 电压),实验时只需连接外部电路。

2.4.3　实验内容与实验电路

1) 电压控制电压源的特性

实验电路如图 2.4.2 所示,U_1 为可调电压源,R_L 选用电阻箱。

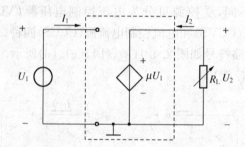

图 2.4.2　VCVS 特性的测量电路

(1) 测量 VCVS 的控制特性(转移特性)$U_2 = f(U_1)\,|_{R_L = 常数}$

取 $R_L = 1$ kΩ,调节可调电压源,在不同的 U_1 下,测量 U_1、I_1、U_2、I_2 的数值,将结果填入表 2.4.1 中,且计算出 $\mu = \dfrac{U_2}{U_1}$ 的数值。

表 2.4.1　VCVS 控制特性测量数据

U_1 (V)	4	3	2	1	0	−1	−2	−3	−4
I_1 (mA)									
U_2 (V)									
I_2 (mA)									
$\mu = \dfrac{U_2}{U_1}$									

根据测量结果,画出控制特性曲线 $U_2 = f(U_1)\,|_{R_L = 1\,\text{k}\Omega}$。

(2) 测量 VCVS 的输出特性(伏安特性)$U_2 = f(I_2)\,|_{U_1 = 常数}$

维持 $U_1 = 4$ V,改变 R_L 的数值,在不同的 R_L 数值下,测量 U_2、I_2 的数值,将结果填入表 2.4.2 中。

表 2.4.2　VCVS 输出特性测量数据

$R_L(k\Omega)$	1	2	3	4	5
$U_2(V)$					
$I_2(mA)$					

根据测量结果画出 VCVS 的输出特性(伏安特性)曲线 $U_2 = f(I_2)|_{U_1=4V}$。

2) 电流控制电流源的特性

实验电路如图 2.4.3 所示,I_1 为可调电流源,R_L 选用电阻箱。

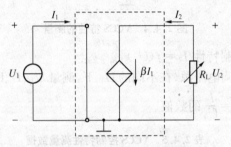

图 2.4.3　CCCS 特性的测量

(1) 测量 CCCS 的控制特性 $I_2 = f(I_1)|_{R_L=常数}$

取 $R_L = 500\ \Omega$,调节可调电流源,在不同的 I_1 下,测量 U_1、I_1、U_2、I_2 的数值,将结果记录于表 2.4.3 中,并计算出 $\beta = \dfrac{I_2}{I_1}$ 的数值。

表 2.4.3　CCCS 控制特性测量数据

$I_1(mA)$	5	4	3	2	1	0	−1	−2	−3	−4	−5
$U_1(V)$											
$I_2(mA)$											
$U_2(V)$											
$\beta = \dfrac{I_2}{I_1}$											

根据测量结果,画出控制特性曲线 $I_2 = f(I_1)|_{R_L=500\ \Omega}$。

(2) 测量 CCCS 的输出特性(伏安特性)$U_2 = f(I_2)|_{I_1=常数}$

维持 $I_1 = 5\ mA$,改变 R_L 的数值,在不同的 R_L 下,测量 U_2、I_2 的数值,将结果填入表2.4.4 中。

表 2.4.4　CCCS 输出特性测量数据

$R_L(\Omega)$	500	400	300	200	100
$U_2(V)$					
$I_2(mA)$					

根据测量结果,画出 CCCS 的输出特性曲线 $U_2 = f(I_2)|_{I_1=5\ mA}$。

3) 电压控制电流源的特性

实验电路如图 2.4.4 所示，U_1 为可调电压源，R_L 选用电阻箱。

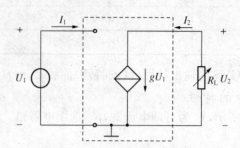

图 2.4.4　VCCS 特性的测量

(1) 测量 VCCS 的控制特性 $I_2 = f(U_1)|_{R_L = \text{常数}}$

取 $R_L = 50\ \Omega$，调节可调电压源，在不同的 U_1 下，测量 U_1、I_1、U_2、I_2 的数值，将结果记录在表 2.4.5 中，并计算出 $g = \dfrac{I_2}{U_1}$ 的数值。

表 2.4.5　VCCS 控制特性测量数据

U_1(V)	2.0	1.5	1.0	0.5	0	−0.5	−1.0	−1.5	−2.0
I_1(mA)									
U_2(V)									
I_2(mA)									
$g = \dfrac{I_2}{U_1}$(mA/V)									

根据测量结果，画出控制特性曲线 $I_2 = f(U_1)|_{R_L = 50\ \Omega}$。

(2) 测量 VCCS 的输出特性 $U_2 = f(I_2)|_{U_1 = \text{常数}}$

维持 $U_1 = 2\ \text{V}$，改变 R_L 的数值，在不同的 R_L 下，测量 U_2、I_2 的数值，将结果填入表 2.4.6 中。

表 2.4.6　VCCS 输出特性测量数据

R_L(Ω)	50	40	30	20	10
U_2(V)					
I_2(mA)					

根据测量结果，画出 VCCS 的输出特性曲线 $U_2 = f(I_2)|_{U_1 = 2\ \text{V}}$。

4) 电流控制电压源特性

实验电路如图 2.4.5 所示，I_1 为可调电流源，R_L 为电阻箱。

(1) 测量 CCVS 的控制特性 $U_2 = f(I_1)|_{R_L = \text{常数}}$

取 $R_L = 5\ \text{k}\Omega$，调节可调电流源，在不同的 I_1 下，测量 U_1、I_1、U_2、I_2 的数值，将结果记录于表 2.4.7 中，并计算 $r = \dfrac{U_2}{I_1}$ 的数值。

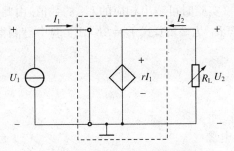

图 2.4.5　CCVS 特性的测量

表 2.4.7　CCVS 控制特性测量数据

I_1(mA)	4	3	2	1	0	−1	−2	−3	−4
U_1(V)									
I_2(mA)									
U_2(V)									
$r=\dfrac{U_2}{I_1}$(V/mA)									

根据测量结果,画出 CCVS 控制特性曲线 $U_2=f(I_1)\mid_{R_L=5\text{ k}\Omega}$。

（2）测试 CCVS 的输出特性 $U_2=f(I_2)\mid_{I_1=常数}$

维持 $I_1=4$ mA,改变 R_L 的数值,在不同的 R_L 下,测量 U_2、I_2 的数值,将结果填入表2.4.8中。

表 2.4.8　CCVS 输出特性测量数据

R_L(kΩ)	5	4	3	2	1
U_2(V)					
I_2(mA)					

根据测量结果,画出 CCVS 的输出特性曲线 $U_2=f(I_2)\mid_{I_1=4\text{ mA}}$。

2.4.4　预习要求

（1）搞清电压源、电流源的概念。

（2）搞清四种受控源的概念。

（3）搞清受控源是理想的、线性的概念。

（4）选择各实验内容中,电压表、电流表的量程。

2.4.5　思考题

（1）实验中受控源能否看成是理想的、线性的? 为什么?

（2）实验内容 1)中,受控源工作电压为±12 V,若 $U_1>6$ V,则线性关系 $U_2=\mu U_1$（μ 实

验中已经测得)仍成立吗?(实验时可测出相应的 U_2 的数值)由此可得出什么结论?

(3) 实验内容2)中,若 R_L 为 2 kΩ,式 $I_2=\beta I_1$(β 实验中已测得)仍成立吗?(实验时,可测出相应的 I_2 的数值)

2.4.6　仪器与器材

(1) ±12 V 直流稳压电源		1台
(2) 可调电压源		1台
(3) 可调电流源		1台
(4) 直流电流表、直流电压表		各1只
(5) VCVS、VCCS、CCVS、CCCS(受控源板 HE-14)		各1个
(6) 电阻箱		1只

2.5(实验5)　叠加原理

2.5.1　实验目的

(1) 掌握线性电路的叠加原理。

(2) 进一步掌握电工仪表的使用以及电流、电压的测量方法。

2.5.2　实验原理

在任一线性网络中,若有几个独立的电源(电压源或电流源)共同作用时,它们在电路中任一支路产生的电流或在任意两点间产生的电压降,等于各电压源或电流源单独作用时在该部分产生的电流或电压降的代数和。这一结论称为线性电路的叠加原理。

当电压源 U_S 不作用,即 $U_S=0$ 时,在 U_S 处用短路线代替;当电流源 I_S 不作用,即 $I_S=0$ 时,在 I_S 处用开路代替。

2.5.3　实验内容和实验电路

实验电路如图 2.5.1 所示。连接电路时,注意各条支路必须接入电流插口,以便测量电流。

(1) 电压源 U_S 单独作用时,按表 2.5.1 测量各支路电流和节点间的电压。

注意电压源 U_S 单独作用时,应将开关 K 向下合上,而电流源 I_S 不作用,应将电流源的电源开关 K_1(图 2.5.1 中未画出)断开,即 $I_S=0$,电流源支路相当于开路。

(2) 电流源 I_S 单独作用时,按表 2.5.1 测量各支路电流和节点间电压。

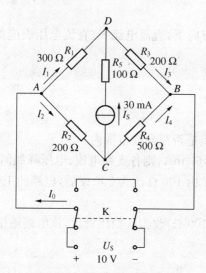

图 2.5.1　叠加原理实验电路

注意电流源 I_S 单独作用时应将电流源的电源开关 K_1 合上,而电压源 U_S 不作用时应将开关 K 向上合上。

(3) 电压源 U_S、电流源 I_S 共同作用时,按表 2.5.1 测量各支路电流和节点间的电压。

电压源 U_S、电流源 I_S 共同作用时,开关 K、K_1 处于何位置,请自行考虑。

表 2.5.1　叠加原理测量值和计算值

参　数		I_0 (mA)	I_1 (mA)	I_2 (mA)	I_3 (mA)	I_4 (mA)	I_5 (mA)	U_{AD} (V)	U_{DC} (V)	U_{CA} (V)
U_S 单独作用时 I' 或 U'	计算值									
	测量值									
I_S 单独作用时 I'' 或 U''	计算值									
	测量值									
U_S 和 I_S 共同作用时 I 或 U	计算值									
	测量值									
$I'+I''$ 或 $U'+U''$	测量值									

实验时将测量值与计算值相比较,若数值相差过大,则应检查错误所在。

所有实验数据填入表 2.5.1,验证实验结果是否满足叠加原理(即将表 2.5.1 中 I 或 U 的测量值,与 $I'+I''$ 或 $U'+U''$ 的测量值相比较)。

2.5.4　预习要求

(1) 按图 2.5.1 电路和参数,理论计算各支路电流和节点间电压。在预习报告中要有完整的计算过程。

(2) 搞清在标定的参考方向下,直流电流表、直流电压表应如何接入,测量值的正、负号应如何决定。

2.5.5　思考题

(1) 讨论本实验结果误差是否在允许范围内。

(2) 如果 $U_S=20\text{ V}$,$I_S=60\text{ mA}$,则各支路电流、电压降如何变化?

(3) 图 2.5.1 中,当将 R_5 由 $100\ \Omega$ 改为 $200\ \Omega$ 后,电路的工作状态会发生变化吗? 为什么?

(4) 图 2.5.1 中,将 $R_2(100\ \Omega)$ 改为硅稳压管后,该电路适用叠加原理么(可实验验证)?

2.5.6　仪器与器材

(1) 可调电压源　　　　　　　　　　　　　　　　　1台
(2) 可调电流源　　　　　　　　　　　　　　　　　1台
(3) 直流电流表、直流电压表　　　　　　　　　　　各1只
(4) 电阻:$100\ \Omega$、$200\ \Omega$、$300\ \Omega$、$500\ \Omega$(元件板 HE-11)　各1~2只

2.6(实验6)　戴维南定理

2.6.1　实验目的

(1) 熟悉戴维南定理。
(2) 理解电路中"等效"的概念。
(3) 掌握戴维南等效电路参数的测量方法。

2.6.2　实验原理

任何一个线性有源二端网络,参看图 2.6.1(a),对外部而言,都可以用一个电压源 U_S 和电阻 R_S 串联的等效电路来代替,如图 2.6.1(b)所示,其电压源 U_S 等于原有源二端网络的开路电压(U_{ABO}),电阻 R_S 等于原有源二端网络除去电源(将各独立电压源短路,即其电压为零;各独立电流源开路,即其电流为零)后的入端电阻(R_{AB})。这就是戴维南定理。

1) 有源二端网络开路电压 U_{ABO} 的测量
在端点开路条件下,用电压表直接测量 U_{ABO} 的数值,见图 2.6.2。

2) 有源二端网络除源后入端电阻 R_{AB} 的测量
R_{AB} 的测量方法有许多种,现列举三种介绍如下。

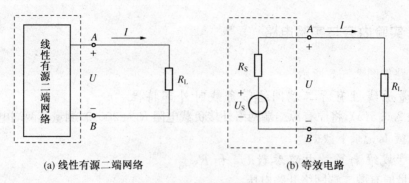

(a) 线性有源二端网络　　　　　　　　　(b) 等效电路

图 2.6.1　戴维南定理

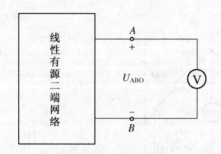

图 2.6.2　测 U_{ABO}

（1）直接测量法

将有源二端网络除源后，得到一无源二端网络，可直接用欧姆表测量 A、B 两端点间的电阻。

（2）开路短路法

测量有源二端网络的开路电压 U_{ABO} 和短路电流 I_{SC}，计算得 $R_{AB} = \dfrac{U_{ABO}}{I_{SC}}$。

短路电流 I_{SC} 的测量，参看图 2.6.3。

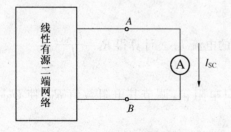

图 2.6.3　测 I_{SC}

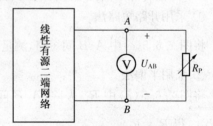

图 2.6.4　半偏法测 R_{AB}

（3）半偏法

参看图 2.6.4，在有源二端网络端点 A、B 间接一可变电阻 R_P，用电压表测量电压 U_{AB}，调节可变电阻的数值，使 $U_{AB} = \dfrac{1}{2}U_{ABO}$（即指针的偏转为开路时的一半，故称半偏法），此时可变电阻的数值 R_P 即为 R_{AB}。

2.6.3　实验内容与实验电路

实验电路如图 2.6.5 所示。

1) 测量原线性有源二端网络带负载时外部特性

参看图 2.6.5(a),将原有源二端网络外接负载电阻 R_L＝200 Ω,测量其两端电压 U 和其中流过的电流 I,记录下数据。

2) 测量戴维南等效电路参数 U_S 和 R_S

(1) 测量原有源二端网络开路电压

将图 2.6.5(a)中负载电阻 R_L 去除,测量有源二端网络开路电压 U_{ABO},即得到 U_S 的数值,$U_S＝U_{ABO}$。

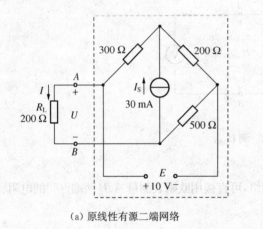

（a）原线性有源二端网络　　　　　　　　　　　　　　（b）等效电路

图 2.6.5　戴维南定理

(2) 测量有源二端网络除源后入端电阻

① 采用开路短路法

将图 2.6.5(a)中 A、B 间短路,测量其中流过的电流 I_{SC}。计算得 $R_S＝\dfrac{U_{ABO}}{I_{SC}}$。

② 采用半偏法

将图 2.6.5(a)中 R_L 去除,A、B 间接入一只电阻箱,调节其电阻数值 R_P,使 $U_{AB}＝\dfrac{1}{2}U_{ABO}$,得 $R_S＝R_P$。

3) 测量戴维南等效电路带负载时外部特性(验证戴维南定理)

将电压源 U_S 和电阻 R_S(用电阻箱)串联构成戴维南等效电路,外接相同的负载电阻 R_L＝200 Ω,测量其两端电压 U' 和其中流过的电流 I',记录数据,且与原线性有源二端网络带负载时测量结果(作为真值)相比较,计算出相对误差。

2.6.4　预习要求

(1) 搞清戴维南定理的内容。

（2）搞清等效的概念。

（3）对实验中线性有源二端网络，理论计算出开路电压 U_{ABO}，短路电流 I_{SC}，除源后入端电阻 R_{AB}（要求有完整的计算过程）。

2.6.5　思考题

（1）如果先测出有源二端网络的开路电压 U_{ABO}，再在端点 A、B 间接入一已知负载电阻 R_L，测得相应的两端电压 U_{AB}，这样亦可间接测得有源二端网络除源后入端电阻 R_{AB}（称之为带负载法），试推导出 R_{AB} 的计算式。

（2）如何用实验方法测定线性有源二端网络的诺顿等效电路参数、电流源 I_S 和内阻 R_S？并画出诺顿等效电路（可实验验证诺顿定理）。

2.6.6　仪器与器材

（1）直流电流表、直流电压表　　　　　　　　　　　各 1 只
（2）可调电压源　　　　　　　　　　　　　　　　　1 台
（3）可调电流源　　　　　　　　　　　　　　　　　1 台
（4）电阻：200 Ω、300 Ω、500 Ω　　　　　　　　　各 1～2 只
（5）电阻箱　　　　　　　　　　　　　　　　　　　1 只

2.7（实验 7）　常用电子仪器的使用

2.7.1　实验目的

掌握常用电子仪器的使用方法。

2.7.2　实验原理

示波器、函数信号发生器和交流毫伏表是电子技术工程人员最常使用的电子仪器。

示波器不仅能显示电信号的波形，而且还可以测量电信号的幅值、周期、频率和相位差（两个同频率正弦波的相位差）。掌握示波器的使用方法，首先必须了解示波器的组成和工作原理，搞清示波器面板上各个按键、旋钮的名称和作用。检查一台示波器是否完好，可利用示波器本身提供的校验信号进行自检。有关示波器的组成及工作原理、示波器面板操作系统说明、示波器的测量方法请参看第 1.5.1 节。

函数信号发生器是一种能够产生正弦波、方波或三角波的信号发生器，其输出电压的大小和频率都可以方便地调节，同时输出电压的峰-峰值和频率的数值在函数信号发生器的 LED 屏上直接显示出来。有关函数信号发生器的使用方法请参看第 1.5.2 节。

交流毫伏表(又称电子电压表)是一种常用的测量电压大小的仪表。它具有输入阻抗高,频率范围宽,灵敏度高,电压测量范围广等优点。交流毫伏表使用方便,但是一定要注意它只能用来测量正弦交流电压的有效值。交流毫伏表的使用方法可参看1.5.3。

2.7.3　实验内容与实验电路

1) 示波器双踪显示,调出两条扫描线

记录下主要开关、旋钮,如输入耦合选择开关,工作方式按键,扫描方式选择按键,扫描时基因数选择开关的位置。

2) 示波器的自校

用示波器显示校准信号的波形,测量该电压的峰-峰值U_{P-P},周期T。

测量时记下电压灵敏度(V/div)及其微调旋钮的位置,扫描时基因数(s/div)及其微调旋钮的位置,校准信号在垂直方向占的格数H,波形一个周期在水平方向占的格数D,计算出U_{P-P}和T。

3) 示波器测量直流电压

用示波器测量直流电压直流稳压电源,固定5 V输出)的数值。

测量时应注意,必须先确定零电平基准线的位置,然后输入耦合方式采用直流耦合(DC)。

记下电压灵敏度(V/div)及其微调旋钮的位置,直流电压波形与零电平基准线垂直方向占的格数H,计算出直流电压U的数值。

4) 正弦波的测试

用函数信号发生器产生频率为2 kHz(由LED屏显示),峰-峰值为2 V(由LED屏显示)的正弦波。再用示波器显示该正弦交流电压波形,测出其周期、峰-峰值,计算出频率和有效值。同时用交流毫伏表测出正弦波电压的有效值,计算出峰-峰值。将数值填入表2.7.1中,将不同仪器测量结果相互比较。

表 2.7.1　正弦波的测量结果

使用仪器	正　弦　波			
	周　期	频　率	峰-峰值	有效值
函数信号发生器		2 kHz	2 V	
交流毫伏表				
示　波　器				

5) 叠加在直流上的正弦波的测试

调节函数信号发生器,产生一叠加在直流电压上的正弦波。由示波器显示该信号波形,并测出其直流分量为1 V,交流分量峰-峰值为5 V,周期为1 ms,如图2.7.1所示。

再用万用表(直流电压挡)和交流毫伏表分别测出该信号的直流分量电压值和交流分量电压有效值,记下函数信号发生器显示该信号的频率和峰-峰值,将数据填入表2.7.2中。

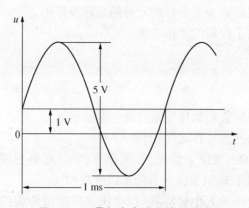

图 2.7.1　叠加在直流上的正弦波

表 2.7.2　叠加在直流上的正弦波测量结果

使用仪器	直流分量	交 流 分 量			
		峰-峰值	有效值	周 期	频 率
示 波 器	1 V	5 V		1 ms	
万 用 表					
交流毫伏表					
函数信号发生器					

6) 相位差的测量

按图 2.7.2 接线,函数信号发生器输出正弦信号,频率为 2 kHz,峰-峰值为 2 V(均由 LED 屏指示)。用示波器测量 u 与 u_C 间的相位差 φ,并指出 u_C 超前还是滞后。

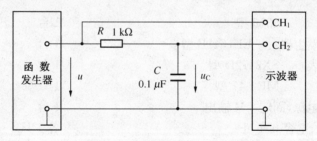

图 2.7.2　RC 串联交流电路

测量时,调节示波器扫描时基因数开关及其微调旋钮,使正弦波一个周期在水平方向上占 8 格,且必须注意使 u、u_C 零电平基准线重合,最好置于屏幕中间。记下 u 与 u_C 对应点 (通常选择零点)间水平距离的格数 D,计算出 $\varphi = \dfrac{360°}{8} \times D$。

2.7.4　预习要求

(1) 了解示波器、函数信号发生器、交流毫伏表等常用电子仪器的基本组成和工作原理。

(2) 搞清常用电子仪器面板上各控制元件的名称及作用。

(3) 搞清各种常用电子仪器的使用方法。

2.7.5　思考题

(1) 什么叫扫描、同步,它们的作用是什么?

(2) 触发扫描和自动扫描有什么区别?

(3) 使用示波器时,如出现以下情况:①无图像;②只有垂直线;③只有水平线;④图像不稳定,试说明可能的原因,应调节哪些旋钮加以解决?

(4) 用示波器测量电压的大小和周期时,电压灵敏度微调旋钮和扫描时基因数微调旋钮必须置于什么位置?

(5) 用示波器测量直流电压的大小与测量交流电压的大小相比,在操作方法上有哪些不同?

(6) 设已知一函数信号发生器输出电压峰-峰值 U_{P-P} 为 10 V,此时分别按下输出衰减 20 dB、40 dB 键或同时按下 20 dB、40 dB 键,这三种情况下,函数信号发生器的输出电压峰-峰值变为多少?

(7) 交流毫伏表在小量程挡,输入端开路时,指针偏转很大,甚至出现打针现象,这是什么原因? 应怎样避免?

(8) 函数信号发生器输出正弦交流信号的频率为 20 kHz,能否不用交流毫伏表而用数字万用表交流电压挡去测量其大小?

(9) 在实验中,所有仪器与实验电路必须共地(所有的地接在一起),这是为什么?

2.7.6　仪器与器材

(1) 示波器　　　　　　4318 型　　　　　　　　　　1 台
(2) 函数信号发生器　　EE1641B 型　　　　　　　　1 台
(3) 交流毫伏表　　　　SX2172D 型　　　　　　　　1 台
(4) 万用表　　　　　　MF - 47 型　　　　　　　　　1 只
(5) 直流稳压电源,固定 5 V 输出　　　　　　　　　1 台
(6) 电阻 1 kΩ、电容 0.1 μF　　　　　　　　　　　各 1 只

2.8(实验 8)　一阶电路的时域响应

2.8.1　实验目的

(1) 研究一阶 RC 电路的时域响应。

(2) 学会用示波器观察和分析电路的时域响应,测量一阶电路的时间常数。

(3) 研究 RC 积分电路和微分电路。

2.8.2　实验原理

1) 一阶电路的时域响应

一阶电路(只包含有一个储能元件电容 C 或电感 L 的电路)在储能元件的初始值为零的情况下,激励产生的响应称为零状态响应,在电路无激励情况下,由储能元件的初始状态引起的响应称为零输入响应。

一阶电路的时域响应特性主要是由电路的时间常数 τ 来决定的,对于一阶 RC 电路,如图 2.8.1(a)所示,时间常数 $\tau=RC$。

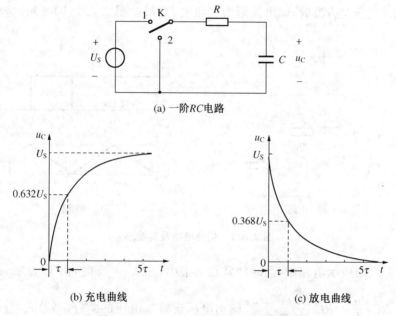

(a) 一阶RC电路

(b) 充电曲线　　　　　　　　(c) 放电曲线

图 2.8.1　一阶 RC 电路及其充放电曲线

当 $t=0$ 时,$U_C=0$,开关 K 由位置 2 转至 1,接通电压源 U_S,直流电源通过 R 向 C 充电,电容上电压 u_C 随时间变化的规律(零状态响应)为:

$$u_C = U_S(1-e^{-\frac{t}{\tau}}) \qquad t \geqslant 0$$

充电时电容上电压 u_C 随时间变化曲线如图 2.8.1(b)所示,从充电曲线上可以看出,$t>5\tau$ 以后,$u_C \approx U_S$,电路进入稳定状态。

且由式 $u_C=U_S(1-e^{-\frac{t}{\tau}})$ 可得,当 $t=\tau$ 时,$u_C=U_S(1-e^{-1})=0.632U_S$。

设 $t=0$ 时,$u_C=U_S$,此时将开关 K 由位置 1 转至位置 2,电容器 C 经 R 放电,u_C 随时间的变化规律(零输入响应)为

$$u_C = U_S e^{-\frac{t}{\tau}} \qquad t \geqslant 0$$

放电时 u_C 的变化曲线如图 2.8.1(c)所示,同样,当 $t>5\tau$ 以后 $u_C \approx 0$,电路进入稳定状态。

且由式 $u_C=U_S e^{-\frac{t}{\tau}}$ 可得,当 $t=\tau$ 时,$u_C=U_S e^{-1}=0.368U_S$。

用示波器可以观察电容 C 的充电曲线或放电曲线,测出电路的时间常数 τ。充电曲线

上，u_C 由 0 上升到 $0.632U_S$ 所需时间即为 τ。放电曲线上 u_C 由 U_S 下降至 $0.368U_S$ 所需的时间即为 τ。这里需要指出，实验时为了能观察到 C 的充放电曲线，波形必须是周期性、重复性的，为此，在一阶 RC 电路输入端应加周期性的方波信号。

2）积分电路和微分电路

积分电路和微分电路是常见的波形变换电路，一阶 RC 电路在不同的使用条件下，可以构成积分电路或微分电路。

对图 2.8.2(a)所示电路，当时间常数 τ 很大，$\tau \geqslant 10 \times \dfrac{T}{2}$（$T$ 为 u_S 的周期）时，由于 $u_C \ll u_R$，所以，$u_S \approx u_R$，$u_C = \dfrac{1}{C}\displaystyle\int_0^t i\,\mathrm{d}t = \dfrac{1}{C}\displaystyle\int_0^t \dfrac{u_R}{R}\,\mathrm{d}t \approx \dfrac{1}{RC}\displaystyle\int_0^t u_S\,\mathrm{d}t$。由此可知，输出电压是输入电压的积分，当输入电压是方波时，输出波形为三角波，波形如图 2.8.2(b)所示，这种电路称为积分电路。

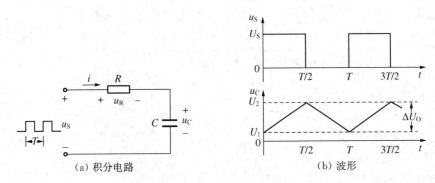

（a）积分电路　　　　　　　　（b）波形

图 2.8.2　积分电路及其波形

在图 2.8.3(a)所示电路中，当时间常数 τ 很小，$\tau \leqslant \dfrac{1}{10} \times \dfrac{T}{2}$ 时，由于 $u_C \gg u_R$，所以 $u_S \approx u_C$，$u_R = Ri = RC\dfrac{\mathrm{d}u_C}{\mathrm{d}t} \approx RC\dfrac{\mathrm{d}u_S}{\mathrm{d}t}$。可见，输出电压是输入电压的微分，当输入电压为方波时，输出电压波形如图 2.8.3(b)所示，这种电路称为微分电路。

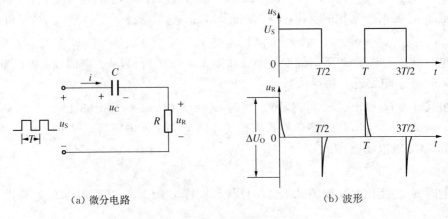

（a）微分电路　　　　　　　　（b）波形

图 2.8.3　微分电路及其波形

2.8.3 实验内容和实验电路

1) 测 RC 电路的时间常数 τ

实验电路如图 2.8.4 所示，u_S 为函数信号发生器提供的方波信号，其峰-峰值 $U_S = 1\ V$，电阻 $R = 2\ k\Omega$，电容 $C = 0.1\ \mu F$，按测量 τ 的条件 $T = 10\tau = 10RC$ 自己确定方波的频率 $f\left(f = \dfrac{1}{T}\right)$。

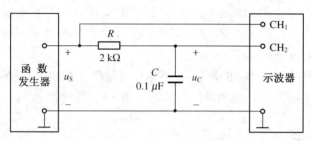

图 2.8.4 测 RC 电路的 τ

用示波器双踪观察且按 1∶1 比例绘下 u_S 和 u_C 的波形，参看图 2.8.5，将有关数据记录在表 2.8.1 中，计算出 τ 的数值，并与理论值相比较。

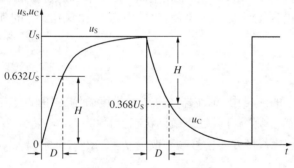

图 2.8.5 u_S 和 u_C 的波形

表 2.8.1 RC 电路 τ 的测量数据

项 目	充电过程	放电过程
CH$_1$、CH$_2$ 电压灵敏度（V/div）		
扫描时基因数（s/div）		
H(div)		
D(div)		
τ		
$\bar{\tau}$(平均值)		

注意：① 表 2.8.1 中电压灵敏度、扫描时基因数自己选定。

② 表 2.8.1 中 H 是充电过程 u_C 由 0 上升至 $0.632U_S$ 时，或放电过程 u_C 由 U_S 下降至 $0.368U_S$ 时，垂直方向的格数，D 是相应的水平方向的格数。

2) 积分电路

实验电路同图 2.8.4，u_S 为函数信号发生器提供的方波信号，其峰-峰值为 $U_S=1\ V$，电阻 $R=2\ k\Omega$，电容 $C=0.1\ \mu F$，按积分电路条件 $T=\dfrac{\tau}{5}=\dfrac{RC}{5}$ 自行确定方波的频率 f。

用示波器观察且绘下 u_S、u_C 的波形，记下电压灵敏度、扫描时基因数的数值。测出 u_C 峰-峰值 ΔU_0 和周期 T 的数值。将 ΔU_0 测量值与理论值比较，理论值 $\Delta U_0=\dfrac{1}{RC}\dfrac{U_S T}{4}$。

3) 微分电路

实验电路形式同图 2.8.4，但注意应将 R 和 C 的位置交换。u_S 为函数信号发生器提供的方波信号，其峰-峰值为 $U_S=1\ V$，电阻 $R=2\ k\Omega$，电容 $C=0.1\ \mu F$，按微分电路条件 $T=20\tau=20RC$ 自己确定方波的频率 f。

用示波器观察且绘下 u_S、u_R 的波形，记下电压灵敏度、扫描时基因数的数值，测出 u_R 峰-峰值 ΔU_0 和周期 T 的数值。将测量值与理论值相比较，理论值 $\Delta U_0=2U_S$。

2.8.4　预习要求

(1) 搞清示波器的使用方法。

(2) 分别在实验内容 1)、2)、3)中，根据电路参数 R、C 的数值，确定方波信号的频率 f。

(3) 计算出实验内容 1)中 τ 的理论值，实验内容 2)、3)中 ΔU_0 的理论值。

2.8.5　思考题

(1) 在时间常数 τ 的测量中，示波器的电压灵敏度微调旋钮和扫描时基因数微调旋钮，哪个必须处于校正位置？哪个可以处于微调状态？

(2) 实验内容 1)中，若将方波信号频率改为 $f=2\ kHz$，试绘出 u_S、u_C 的波形，说明是否满足 τ 的测试条件。

(3) 试推导图 2.8.2(a)积分电路输出电压三角波峰-峰值 ΔU_0 的表达式。

(4) 图 2.8.3(a)电路，如果 $X_C\ll R$，那么 u_R 的波形是怎样的？该电路有何作用？（可取 $R=2\ k\Omega$，$C=0.1\ \mu F$，$f=25\ kHz$，进行实验观察。）

2.8.6　仪器与器材

(1) 函数信号发生器 EE1641B 型	1 台
(2) 双踪示波器 4318 型	1 台
(3) 电阻 2 kΩ、电容 0.1 μF	各 1 只

2.9（实验 9）　二阶电路的时域响应

2.9.1　实验目的

（1）研究电路参数 (R,L,C) 对串联 RLC 电路时域响应的影响。

（2）进一步掌握用示波器等电子仪器测量电路时域响应的方法。

2.9.2　实验原理

1）RLC 串联电路时域响应的三种情况

RLC 串联电路的时域响应由特征方程 $LCP^2+RCP+1=0$ 的特征根：

$$P_{1,2}=-\frac{R}{2L}\pm\sqrt{\left(\frac{R}{2L}\right)^2-\frac{1}{LC}}\text{ 来决定。}$$

（1）当 $R>2\sqrt{\dfrac{L}{C}}$，则 $P_{1,2}$ 为两个不相等的负实根，电路的时域响应为过阻尼的非振荡情况。

（2）当 $R=2\sqrt{\dfrac{L}{C}}$，则 $P_{1,2}$ 为两个相等的负实根，电路的时域响应为临界阻尼情况。$R=2\sqrt{\dfrac{L}{C}}$ 称为临界电阻。

（3）当 $R<2\sqrt{\dfrac{L}{C}}$，则 $P_{1,2}$ 为一对共轭复根，电路的时域响应为欠阻尼的振荡情况。

由上可见，RLC 电路的时域响应完全取决于电路参数 R、L、C，通过改变 R、L、C 的大小，均可使电路发生上述三种不同情况的时域响应。

图 2.9.1 所示 RLC 串联电路，在方波信号 u_S 的激励下，电容上电压 u_C 三种情况的波形如图 2.9.2 所示。

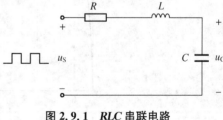

图 2.9.1　RLC 串联电路

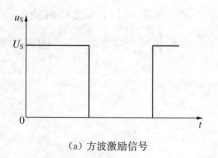

（a）方波激励信号

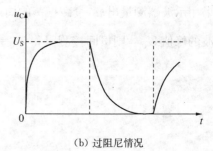

（b）过阻尼情况

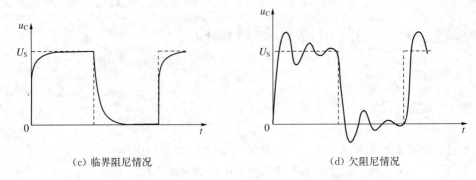

(c) 临界阻尼情况　　　　　　　　　　　　(d) 欠阻尼情况

图 2.9.2　方波信号激励下,时域响应的三种情况

2) 欠阻尼情况下,衰减振荡角频率 ω_d 和衰减系数 δ 的测量方法

现将图 2.9.2(d)欠阻尼情况 u_C 的波形重画于图 2.9.3,其中零状态响应为:

$$u_C = U_S \left[1 - \frac{\omega_0}{\omega_d} e^{-\delta t} \cos(\omega_d t - \theta) \right]$$

式中,衰减振荡角频率 $\omega_d = \sqrt{\omega_0^2 - \delta^2} = \sqrt{\dfrac{1}{LC} - \left(\dfrac{R}{2L}\right)^2}$;衰减系数 $\delta = \dfrac{R}{2L}$;谐振角频率 $\omega_0 = \dfrac{1}{\sqrt{LC}}$; $\theta = \arcsin \dfrac{\delta}{\omega_0}$ 。

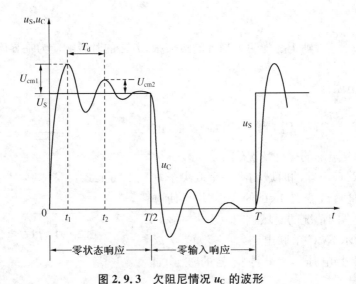

图 2.9.3　欠阻尼情况 u_C 的波形

如果用示波器测量出 u_C 衰减振荡的周期 T_d ,衰减振荡第一个正半波的峰值 U_{cm1} ,第二个正半波的峰值 U_{cm2} ,则可间接测量得 $\omega_d = \dfrac{2\pi}{T_d}$, $\delta = \dfrac{1}{T_d} \ln \dfrac{U_{cm1}}{U_{cm2}}$ (该式可由 u_C 的表达式推导出)。

2.9.3　实验内容与实验电路

实验电路如图 2.9.4 所示,激励信号 u_S 为方波,其峰-峰值 $U_S=3$ V,频率 $f=200$ Hz。

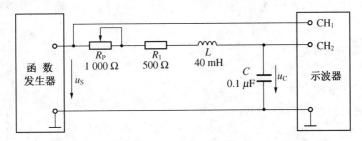

图 2.9.4　RLC 串联电路时域响应的测试电路

1)观察 u_C 时域响应的三种情况

(1)调节 $R_P=1\,000$ Ω,此时电路为过阻尼情况。

(2)调节 $R_P=0$,此时电路为欠阻尼情况。

(3)调节 R_P,使 u_C 的波形刚刚开始出现(或消失)峰,此时电路即为临界阻尼情况。

用示波器观察且画下 u_S 和 u_C 三种情况下的波形。为了能很好地观察波形,请自行选择合适的电压灵敏度和扫描时基因数。

2)测定临界电阻 R

在临界情况下,用万用表测出 R_P 的数值,则临界电阻的测量值为:

$$R=R_P+R_1+R_0(\Omega)$$

该式中考虑了函数信号发生器的内阻 R_0,$R_0=50$ Ω。将测量值与理论值 $R=2\sqrt{\dfrac{L}{C}}$ 相比较。

3)测量欠阻尼情况下,衰减振荡角频率 ω_d 和衰减系数 δ

在 $R_P=0$,电路为欠阻尼情况下,用示波器双踪显示 u_S 和 u_C 的波形。按图 2.9.3 中所示,测量衰减振荡的周期 T_d 和峰值 U_{cm1}、U_{cm2},计算出 $\omega_d=\dfrac{2\pi}{T_d}$,$\delta=\dfrac{1}{T_d}\ln\dfrac{U_{cm1}}{U_{cm2}}$。将测量值与理论值 $\omega_d=\sqrt{\dfrac{1}{LC}-\left(\dfrac{R}{2L}\right)^2}$,$\delta=\dfrac{R}{2L}$ 相比较。

2.9.4　预习要求

(1)复习二阶时域响应的有关内容。

(2)按电路参数 R、L、C 的数值计算出临界电阻、衰减系数和衰减振荡角频率的理论值。

(3)根据实验中,激励信号为方波,其峰-峰值 $U_S=3$ V,频率 $f=200$ Hz,选择示波器的电压灵敏度和扫描时基因数。

2.9.5　思考题

(1) R、L、C 电路中,R 数值的大小对电路的过渡过程有何影响?

(2) 在电路欠阻尼情况下,为了提高测量 U_{cm1}、U_{cm2} 和 T_d 的精确度,应怎样调节示波器?

2.9.6　仪器与器材

(1) 示波器 4318 型	1 台
(2) 函数信号发生器 EE1641B	1 台
(3) 万用表 MF - 47 型	1 只
(4) 电阻 500 Ω、电感 40 mH、电容 0.1 μF、电位器 1 kΩ	各 1 只

2.10(实验10)　一阶电路的频域响应

2.10.1　实验目的

(1) 了解频率 f 对电路性能的影响。

(2) 掌握用示波器、函数信号发生器、交流毫伏表等电子仪器测试频域响应的方法。

2.10.2　实验原理

含有电容、电感的交流电路,电路的响应随激励信号的频率变化而变化,这一特性称为电路的频率特性。

本实验研究图 2.10.1 RC 串联电路中,电容 C 上电压 $\dot{U}_C$(输出电压)与电源电压 $\dot{U}_S$(输入电压)之比 $\dfrac{\dot{U}_C}{\dot{U}_S}$(传递函数),与频率 f 之间的关系(即频率特性),其表达式为:

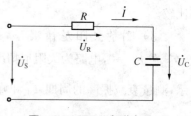

图 2.10.1　RC 串联电路

$$\frac{\dot{U}_C}{\dot{U}_S} = \frac{-\mathrm{j}\dfrac{1}{\omega C}}{R - \mathrm{j}\dfrac{1}{\omega C}} = \frac{1}{1 + \mathrm{j}\omega RC} = \frac{1}{1 + \mathrm{j}\dfrac{f}{f_0}} = \frac{U_C}{U_S}\angle\varphi$$

式中,$f_0 = \dfrac{1}{2\pi RC}$ 称为转折频率;$\dfrac{\dot{U}_C}{\dot{U}_S}$ 的模 $\dfrac{U_C}{U_S}$ 与频率 f 之间的关系称为幅频特性,其表达式为

$$\frac{U_C}{U_S} = \frac{1}{\sqrt{1 + (f/f_0)^2}}。$$

当 $f=f_0$ 时,$\dfrac{U_C}{U_S}=0.707$;当 $f>10f_0$ 时,$\dfrac{U_C}{U_S}\approx 0$;当 $f<0.1f_0$ 时,$\dfrac{U_C}{U_S}\approx 1$。

$\dfrac{\dot{U}_C}{\dot{U}_S}$ 的幅角 φ 与频率 f 之间的关系称为相频特性,其表达式为 $\varphi=-\arctan\dfrac{f}{f_0}$。

当 $f=f_0$ 时,$\varphi=-45°$;当 $f>10f_0$ 时,$\varphi\approx -90°$;当 $f<0.1f_0$ 时,$\varphi\approx 0°$。

这里要注意,φ 角是 $\dot{U}_C$ 超前于 $\dot{U}_S$ 的相位角,其值为负值,说明实际上 $\dot{U}_C$ 是滞后于 $\dot{U}_S$ 的。

图 2.10.2(a)、(b)分别画出了图 2.10.1 RC 串联电路的幅频特性和相频特性曲线。

画频率特性曲线时,通常为了压缩高端(频率高的部分),展宽低端(频率低的部分),一般画对数频率特性曲线,即横坐标频率 f 以对数分度,而纵坐标仍按线性分度。

由幅频特性曲线可以看出,$\dfrac{U_C}{U_S}$ 随频率 f 的增大而减小,即低频信号可以通过,高频信号不能顺利通过,故该 RC 串联电路称为低通网络。

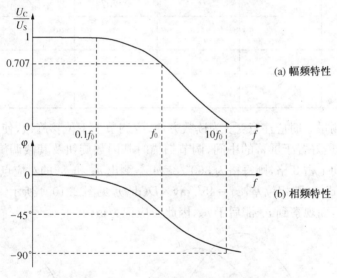

图 2.10.2　RC 串联电路的频率特性曲线

2.10.3　实验内容与实验电路

实验内容——RC 串联电路频率特性的测量。

实验电路如图 2.10.3 所示,函数信号发生器输出电压为正弦信号,有效值 $U_S=1$ V,电路参数 $R=500\ \Omega$,$C=0.2\ \mu F$。图中交流毫伏表用以测量正弦交流电压的有效值,示波器用来测量输出电压 $\dot{U}_C$ 与输入电压 $\dot{U}_S$ 之间的相位差 φ。

实验时首先测量转折频率 f_0,方法是调节正弦信号频率 f,使交流毫伏表测得 $U_C=0.707U_S=0.707$ V,则此时 f 即为 f_0,同时测量出 f_0 下 φ 角。

然后维持 $U_S=1$ V,分别在 $0.1f_0$、$0.5f_0$、$5f_0$、$10f_0$ 下测出 U_C 和 φ,将数据记录在

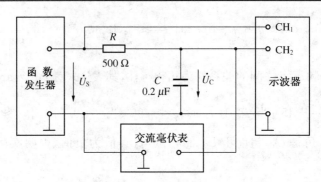

图 2.10.3　频率特性测量电路

表 2.10.1 中,并画出对数频率特性曲线。

表 2.10.1　RC 串联电路频率特性测量数据

$f(\mathrm{Hz})$	$0.1f_0$	$0.5f_0$	$f_0(\ \ )$	$5f_0$	$10f_0$
$U_\mathrm{S}(\mathrm{V})$			1		
$U_\mathrm{C}(\mathrm{V})$			0.707		
$\dfrac{U_\mathrm{C}}{U_\mathrm{S}}$					
$D(\mathrm{div})$					
$\varphi=-\dfrac{360°}{8}\times D$					

使用示波器测量 φ 时应注意:① 为读数方便,应调节上下位移旋钮,使 u_S、u_C 波形的零电平基准线重合,最好置于屏幕的中间,调节扫描时基因数旋钮及其微调旋钮,使波形的一个周期在水平方向上占 8 格,则每格为 360°/8=45°,测出 u_S 和 u_C 的对应点(通常选择零点)间的水平距离 $D(\mathrm{div})$,则相位差 $|\varphi|=45°/\mathrm{div}\times D(\mathrm{div})$,见图 2.10.4 所示。② φ 角为 u_C 超前于 u_S 的相位角,而观察到 u_C 滞后于 u_S,因此 φ 应记为负值。

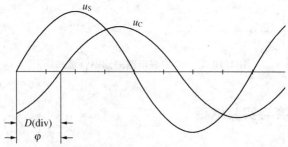

图 2.10.4　φ 的测量

2.10.4　预习要求

(1) 掌握用示波器测量相位差的方法。

(2) 根据实验内容给定的 R、C 参数,计算出 $f_0=\dfrac{1}{2\pi RC}$ 的数值,以及分别在 $0.1f_0$、

$0.5f_0$、$5f_0$ 及 $10f_0$ 下，计算出 U_C 和 φ 的数值。

2.10.5　思考题

（1）若将图 2.10.1 电路中 R 和 C 的位置交换，以 R 两端作为输出，则此电路是低通还是高通网络？试写出传递函数 $\dfrac{\dot{U}_R}{\dot{U}_S}$、幅频特性 $\dfrac{U_R}{U_S}$、相频特性 φ 的表达式，画出幅频、相频特性曲线。（可实验测量此电路的频率特性）

（2）在改变函数信号发生器输出信号频率时，为什么输出电压有效值 U_S 会发生改变？

（3）图 2.10.1 所示 RC 电路，如果输入正弦信号电压 $\dot{U}_S$ 的频率不变，而 R 的数值改变，则输出电压 $\dot{U}_C$ 与输入电压 $\dot{U}_S$ 的相位差如何改变？该电路起什么作用？

2.10.6　仪器与器材

（1）函数信号发生器 EE1641B 型	1 台
（2）双踪示波器 4318 型	1 台
（3）交流毫伏表 SX2172D	1 台
（4）电阻 500 Ω、电容 0.2 μF	各 1 只

2.11（实验 11）　交流电路元件参数的测量及功率因数的提高

2.11.1　实验目的

（1）掌握交流电路元件参数的测量方法。

（2）了解提高功率因数的方法。

（3）掌握自耦调压器、功率表的使用方法。

2.11.2　实验原理

1）交流电路中阻抗测量方法

交流电路参数的测试方法有很多，基本上可分为两大类：

（1）元件参数测量仪器测试法（直接测量法）

如用万用表测电阻，用阻抗电桥测电感、电容，以及使用其他各种参数测量仪器进行测量。

（2）元件参数间接测量法

此种方法在被测元件上加交流电压，用电压表、电流表和功率表进行测量，经过计算来确定阻抗、电阻、电容或电感的数值。下面分别介绍两种间接测量法：三电压表法和三表法。

① 三电压表法

三电压表法电路如图 2.11.1 所示。

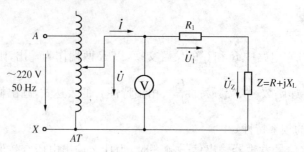

图 2.11.1　三电压表法测量阻抗

图中：AT——自耦调压器；(V) ——交流电压表；R_1 ——外加已知阻值的电阻，称为采样电阻；Z ——被测元件的复阻抗

由交流电压表依次测出三个电压 U、U_1 和 U_Z 的数值(故称三电压表法)。

设被测元件为感性，那么 $Z = R + jX_L$，相量图如图 2.11.2 所示。

复阻抗：$Z = R + jX = |Z| \angle \varphi$

阻抗：$|Z| = U_Z/I$，而 $I = U_1/R_1$

所以，$|Z| = \dfrac{U_Z}{U_1} R_1$

由图 2.11.2 可知，阻抗角 φ 的余弦(即功率因数 $\cos \varphi$)可按余弦定律求得：

$$\cos \varphi = \frac{U^2 - U_Z^2 - U_1^2}{2 U_Z U_1}$$

所以，元件的电阻 R 为：

$$R = |Z| \cos \varphi$$

元件的电感 L 为：

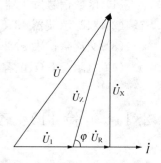

图 2.11.2　三电压表法相量图

$$L = |Z| \sin \varphi / 2\pi f，其中 f = 50 \text{ Hz}。$$

$\left(\text{若被测元件为容性，则可得元件的电容为 } C = \dfrac{1}{|Z| \sin\varphi 2\pi f}\right)$

② 三表(电压表、电流表、功率表)法

三表法电路如图 2.11.3 所示。

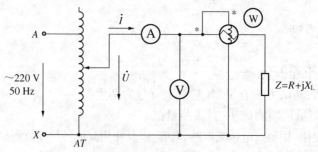

图 2.11.3　三表法测量阻抗

图中：AT —自耦调压器；(A) —交流电流表；(V) —交流电压表；(W) —有功功率表；Z —被测元件复阻抗

由电流表、电压表、功率表测出元件中电流 I、电压 U 及消耗的有功功率 P 的数值,可计算得:

阻抗　$|Z|=U/I$

阻抗角　$\varphi=\arccos\dfrac{P}{S}=\arccos\dfrac{P}{UI}$

$R=|Z|\cos\varphi$

$X_L=|Z|\sin\varphi$

$L=\dfrac{X_L}{2\pi f}$

$\left(\text{若被测元件为容性},\text{则 } X_C=|Z|\sin\varphi,C=\dfrac{1}{X_C 2\pi f}\right)$

2) 提高功率因数的方法

提高功率因数常用的方法是在感性负载的两端并联电容器,其电路图和相量图如图 2.11.4 所示。

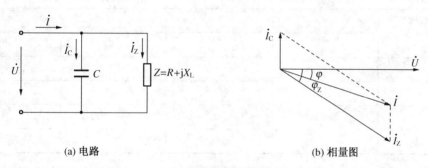

(a) 电路　　　　　　　　　　(b) 相量图

图 2.11.4　并联电容器以提高功率因素

由相量图可以看出,并联电容器以后,感性负载的电流 I_Z 和功率因数 $\cos\varphi_Z$ 均未变化,但电压 U 和电流 I 之间的相位差 φ 变小了,即功率因数 $\cos\varphi$ 变大了。因此一定要清楚,提高功率因数不是提高感性负载的功率因数,而是提高电源或电网的功率因数。

2.11.3　实验内容与实验电路

1) 三电压表法测阻抗

(1) 被测元件 Z 为 30 W 日光灯镇流器

实验电路如图 2.11.1 所示,其中采样电阻 $R_1=500\ \Omega$。

实验时调节自耦调压器 AT,使 $U=100$ V,测量 U_1 和 U_Z 的数值,按公式计算出 R、L 和 $\cos\varphi$。

(2) 被测元件 Z 由 500 Ω 电阻和 4.7 μF 的电容串联构成

实验方法及要求同(1)。

2) 三表法测量阻抗

(1) 被测元件 Z 为 30 W 日光灯镇流器

实验电路如图 2.11.3 所示,实验时调节自耦变压器 AT,使 $U=100$ V,测量电流 I 和功率 P 的数值,然后按公式计算出 $\cos\varphi$、R 和 L 的数值。

(2) 被测元件 Z 由 500 Ω 的电阻和 30 W 日光灯镇流器串联构成

实验方法及要求同(1)。

(3) 被测元件 Z 由 500 Ω 的电阻和 4.7 μF 的电容串联构成

实验方法及要求同(1)。

(4) 被测元件 Z 由 500 Ω 的电阻和 4.7 μF 的电容并联构成

实验方法及要求同(1)。

3) 功率因数的提高

参照图 2.11.3 实验电路,感性负载 Z 为 30 W 日光灯镇流器,在其两端并联电容。

实验时保持 $U=100$ V,在不同的电容值下,测量 P、U、I 的数值,计算出 $\cos\varphi$ 的数值,将测量结果和计算数据填入表 2.11.1 中,电容的取值范围可选在 3～9 μF 之间,至少要有 5 个数值,且尽量找出 $\cos\varphi$ 提高至 1 时的电容值(此时 I 数值最小)。

表 2.11.1　功率因数提高的测量及计算数据

条　件	P(W)	U(V)	I(mA)	$\cos\varphi$
不并电容				
并 3 μF				
并 9 μF				

2.11.4　预习要求

(1) 搞清三电压表法、三表计法测量阻抗的原理。

(2) 掌握自耦调压器、功率表的使用方法和注意事项。

2.11.5　思考题

(1) 如何用实验的方法来判定负载的性质(容性、感性)?

(2) 实验内容 3)中,对感性负载分别并上电容 3～9 μF,从电流的变化情况判别在并联 3 μF、9 μF 时电路是感性还是容性。

(3) 为什么要提高功率因素?

(4) 是否可以认为,只要功率表指针偏转未超过满偏转刻度,功率表就没有超过量程,不会损坏? 为什么?

2.11.6　仪器与器材

(1) 交流电流表、交流电压表　　　　　　　　　　　　　　　　各 1 只

(2) 有功功率表　　　　　　　　　　　　　　　　　　　　　　1 只

(3) 自耦调压器 　　　　　　　　　　　　　　　　　　　　　　1 只

(4) 电阻 500 Ω,日光灯镇流器(30 W)(元件板 HE - 13) 　　各 1 只

(5) 可变电容器组(元件板 HE - 13) 　　　　　　　　　　　　1 组

2.12(实验 12)　串联谐振电路的测试

2.12.1　实验目的

(1) 熟悉串联谐振电路的频率特性。

(2) 掌握串联谐振电路频率特性的测试方法。

(3) 了解电路品质因素对电路频率特性的影响。

2.12.2　实验原理

谐振是具有电感、电容元件的交流电路中一个重要的电路现象,当改变电路的参数 L、C 或 ω,使电路两端的电压与其中的电流同相时,称之为谐振。

1) R、L、C 串联电路谐振条件和谐振时的特点

R、L、C 串联电路如图 2.12.1 所示。

(1) 谐振条件

串联电路复阻抗: $Z = R + \mathrm{j}\left(\omega L - \dfrac{1}{\omega C}\right)$

阻抗角: $\varphi = \arctan\left(\omega L - \dfrac{1}{\omega C}\right)/R$

当 $\omega = \omega_0 = \dfrac{1}{\sqrt{LC}}$,即 $f = f_0 = \dfrac{1}{2\pi\sqrt{LC}}$ 时(ω_0 为谐振角频率, f_0 为谐振频率,下标 0 表示谐振状态), $\varphi = 0$,此时电路产生谐振现象。

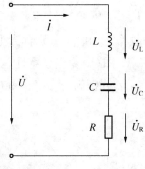

图 2.12.1　R、L、C 串联电路

(2) 谐振时特点

① 电路复阻抗 $Z = Z_0 = R$,最小。

电流: $I = I_0 = \dfrac{U}{R}$,最大。

阻抗角 $\varphi = 0$,$\dot{U}$ 与 $\dot{I}$ 同相。

② 电感抗 X_{L0} 与电容抗 X_{C0} 相等,其大小仅决定于 L、C,而与角频率 ω 无关。

$X_{L0} = X_{C0} = \sqrt{\dfrac{L}{C}} = \rho, \rho = \sqrt{\dfrac{L}{C}}$ 称为特征阻抗。

③ 电感上电压和电容上电压相等,且是电源电压的 Q 倍。

$$U_{L0} = U_{C0} = I_0 X_{L0} = I_0 X_{C0} = \dfrac{U}{R}\rho = UQ$$

$Q=\dfrac{\rho}{R}$,Q称为电路的品质因素。

一般情况下,$Q\gg1$,因此电感、电容上电压是电源电压的许多倍,远远大于电源电压,故串联谐振又称为电压谐振。

2) 串联谐振电路的频率特性

交流电路中,某物理量随频率 f 而变化,这一特性称为频率特性。一般来说,该物理量是个复数,它的模与频率之间的关系称为幅频特性,它的幅角与频率之间的关系称为相频特性。

本实验对图 2.12.1 电路研究 $\dfrac{\dot{I}}{\dot{I}_0}$ 与频率 f 之间的关系,经推导可得:

$$\frac{\dot{I}}{\dot{I}_0}=\frac{1}{1+Q\mathrm{j}\left(\dfrac{\omega}{\omega_0}-\dfrac{\omega_0}{\omega}\right)}=\frac{1}{1+Q\mathrm{j}\left(\dfrac{f}{f_0}-\dfrac{f_0}{f}\right)}=\frac{I}{I_0}\angle\theta$$

幅频特性表达式 $$\frac{I}{I_0}=\frac{1}{\sqrt{1+Q^2\left(\dfrac{f}{f_0}-\dfrac{f_0}{f}\right)^2}}$$

相频特性表达式 $$\theta=-\arctan Q\left(\frac{f}{f_0}-\frac{f_0}{f}\right)$$

频率特性曲线如图 2.12.2 所示,其中图(a)为幅频特性,是带通特性。当 $f=f_0$ 时,$\dfrac{I}{I_0}=1$,最大;随着 $f>f_0$ 或 $f<f_0$,$\dfrac{I}{I_0}$ 的数值下降。当 $\dfrac{I}{I_0}$ 的数值下降到 0.707 时,所对应的频率 f_2 和 f_1 分别称为上、下限转折频率,而 $\Delta f=f_2-f_1$ 称为通频带。

图(b)为相频特性,在 f_0 处,$\theta=0$;在 f_2、f_1 处,θ 分别为 $-45°$ 和 $45°$;当 $f\gg f_0$,或 $f\ll f_0$,θ 分别为 $-90°$ 和 $+90°$。

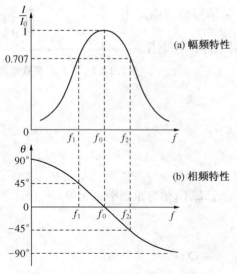

图 2.12.2 串联谐振电路的频率特性

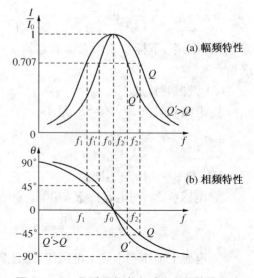

图 2.12.3 品质因数大小对频率特性的影响

3) 品质因素对电路特性的影响

如果减小 R 的数值,而 L、C 数值不变,则品质因素的数值增大。图 2.12.3 示出品质因素为 Q' 和 Q 的频率特性曲线。由图中可以看出,品质因素增大,则曲线变陡,电路的选择性变强,但 $\Delta f' = f'_2 - f'_1 < \Delta f = f_2 - f_1$,即通频带变窄。

4) 频率特性的测量方法

本实验中要求测量幅频特性 $\dfrac{I}{I_0} \sim f$ 和相频特性 $\theta \sim f$,实际上不是在各个频率下直接测量 I 和 I_0 的大小,以及 $\dot{I}$ 和 $\dot{I}_0$ 的相位差 θ。

由于 $\dfrac{I}{I_0} = \dfrac{IR}{I_0 R} = \dfrac{U_R}{U_{R0}}$,所以实验时只要在谐振频率以及其他各个频率下,测出电阻 R 上压降 U_{R0} 和 U_R 即可求得 $\dfrac{I}{I_0}$。同时应注意到 $\dot{U}_R$ 和 $\dot{I}$ 同相,$\dot{U}$ 和 $\dot{I}_0$ 同相,所以实验时测量 θ 即是测量 u_R 超前于 u 的相位角。

2.12.3　实验内容与实验电路

实验电路如图 2.12.4 所示。图中函数信号发生器输出正弦波,U 与 U_R 的大小用交流毫伏表测量,示波器用来观察 u 和 u_R 的波形,测量它们之间的相位差。

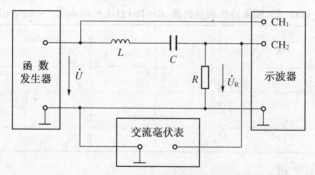

图 2.12.4　RLC 串联谐振电路频率特性测量电路

1) 在 $R=500\ \Omega$,$L=40\ \text{mH}$,$C=0.05\ \mu\text{F}$ 条件下,测量电路的频率特性和品质因素 Q

(1) 测量频率特性

将函数信号发生器输出正弦波维持在有效值 $U=1\ \text{V}$。首先测量谐振频率 f_0 和谐振频率下 U_R(即 U_{R0})的大小,其方法是调节函数信号发生器输出正弦波的频率(参考谐振频率 f_0 的理论值),由示波器观察到 u_R 和 u 同相(即 θ 为 0),则此时频率即为 f_0,在 f_0 下测出 U_R 的数值。然后调节正弦波频率,在不同的频率下测量 U_R 和 θ 的数值。(注意:① 在频率变化时,函数信号发生器的输出电压大小会发生变化,在实验过程中,要始终保持 $U=1\ \text{V}$。② 为了方便测量 θ,可调节扫描时基因数微调旋钮,使波形一个周期在水平方向占 8 格。)

将测量结果填入表 2.12.1 中。根据测量结果画出幅频、相频特性曲线,并由幅频曲线决定上、下限转折频率 f_2、$f_1\left(\text{即} \dfrac{I}{I_0} = 0.707\ \text{时的频率}\right)$ 的数值。

表 2.12.1　频率特性测量数据($R=500\ \Omega,L=40\ mH,C=0.05\ \mu F$)

$f(kHz)$	1.5	2.5	3.0	f_0（　　）	4.5	6.0	8.0
$U_R(V)$							
$\dfrac{I}{I_0}=\dfrac{U_R}{U_{R0}}$							
θ				0			

测量 θ 时应注意：θ 是 u_R 超前于 u 的相位角，也即是 $\dot{I}$ 超前于 $\dot{I}_0$ 的相位角，当 u_R 滞后于 u 时，θ 应记为负值。

（2）测量品质因素 Q

在谐振频率 f_0 条件下，测出 U_{C0} 的大小，计算出 $Q=\dfrac{U_{C0}}{U}$。

2）在 $R=100\ \Omega,L=40\ mH,C=0.05\ \mu F$ 条件下，测量电路的频率特性和品质因素 Q

（1）测量频率特性

实验方法同 1），将测量结果填入表 2.12.2 中，画出频率特性曲线，并决定上、下限转折频率 f'_2 和 f'_1 的数值。

表 2.12.2　频率特性测量数据($R=100\ \Omega,L=40\ mH,C=0.05\ \mu F$)

$f(kHz)$	3.0	3.3	3.5	f_0（　　）	3.7	3.9	4.5
$U_R(U)$							
$\dfrac{I}{I_0}=\dfrac{U_R}{U_{R0}}$							
θ				0			

（2）测量品质因素 Q'

实验方法同 1）。

2.12.4　预习要求

（1）掌握函数信号发生器、交流毫伏表、示波器的使用方法。

（2）按实验电路给定的参数 $R=500\ \Omega,L=40\ mH,C=0.05\ \mu F$，计算出谐振频率 $f_0=\dfrac{1}{2\pi\sqrt{LC}}$ 和品质因数 Q 的数值。

（3）搞清频率特性的测量方法。

2.12.5　思考题

（1）R、L、C 串联电路，当 $f>f_0$（或 $f<f_0$）时，为什么 U_R 随 f 的增大（减小）而减小？

R、L、C 串联电路呈现为电感性还是电容性？

(2) 以 R、L、C、ω 为变量,试推导出 $\dfrac{\dot{I}}{I_0}$、$\dfrac{I}{I_0}$、θ 的函数表达式。

(3) 实验结果中,谐振时 U_{R0} 不等于而是略小于 U,这是为什么？

(4) 如果要求测量时,交流毫伏表的接地端始终与函数信号发生器的地端相连,那么如何测出 U_{C0} 的数值？

2.12.6　仪器与器材

(1) 函数信号发生器 EE1641B 型　　　　　　　　　　　　　1 台

(2) 双踪示波器 4318 型　　　　　　　　　　　　　　　　1 台

(3) 交流毫伏表 SX2172 型　　　　　　　　　　　　　　1 台

(4) 电阻 100 Ω、500 Ω,电感 40 mH,电容 0.05 μF　　　各 1 只

　　(元件板 HE - 15)

2.13(实验 13)　RC 串并联选频网络频率特性的测试

2.13.1　实验目的

(1) 掌握 RC 串并联选频网络的频率特性。

(2) 进一步掌握频率特性的测试方法。

2.13.2　实验原理

图 2.13.1 所示 RC 串并联网络,输入电压为 $\dot{U}_S$,输出电压为 $\dot{U}_2$,它具有选频作用。

由图 2.13.1 可知:

$$Z_1 = R + \frac{1}{j\omega C}$$

$$Z_2 = \frac{R}{1 + j\omega RC}$$

经推导可得传递函数 $\dfrac{\dot{U}_2}{\dot{U}_S}$ 为:

$$\frac{\dot{U}_2}{\dot{U}_S} = \frac{Z_2}{Z_1 + Z_2} = \frac{j\omega RC}{(1 - \omega^2 R^2 C^2) + j3\omega RC}$$

式中,$\omega = 2\pi f$。

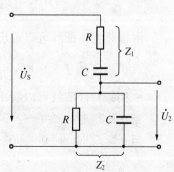

图 2.13.1　RC 串并联网络

令 $f_0 = \dfrac{1}{2\pi RC}$，f_0 称为特征频率，或中心频率，则上式变为：

$$\frac{\dot{U}_2}{\dot{U}_{\mathrm{S}}} = \frac{1}{3 + \mathrm{j}\left(\dfrac{f}{f_0} - \dfrac{f_0}{f}\right)} = \frac{U_2}{U_{\mathrm{S}}} \angle \varphi$$

由此可得，RC 串并联网络的幅频特性和相频特性分别为：

$$\frac{U_2}{U_{\mathrm{S}}} = \frac{1}{\sqrt{3^2 + \left(\dfrac{f}{f_0} - \dfrac{f_0}{f}\right)^2}}$$

$$\varphi = -\arctan \frac{\dfrac{f}{f_0} - \dfrac{f_0}{f}}{3}$$

由上两式可知，当 $f = f_0 = \dfrac{1}{2\pi RC}$ 时，$\dfrac{U_2}{U_{\mathrm{S}}} = \dfrac{1}{3}$，幅频特性的幅值最大。$\varphi = 0°$，相频特性的相角为零，输出电压与输入电压同相。

图 2.13.2(a)、(b)画出了 RC 串并联选频网络的幅频特性曲线和相频特性曲线。

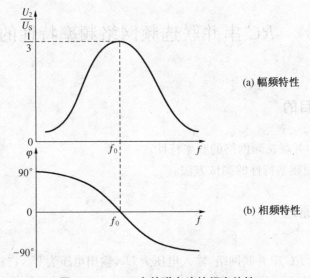

图 2.13.2　RC 串并联电路的频率特性

由幅频特性曲线可以看出：

当 $f > f_0$ 或 $f < f_0$ 时，$\dfrac{U_2}{U_{\mathrm{S}}}$ 的数值由 $\dfrac{1}{3}$，随着 f 的增大（减小）而减小。

由相频特性曲线可以看出：

当 $f \geqslant f_0$ 时，$\varphi = 0° \sim -90°$。

当 $f \leqslant f_0$ 时，$\varphi = 0° \sim 90°$。

2.13.3　实验内容与实验电路

实验内容——测量 RC 串并联选频网络的频率特性。

实验电路如图 2.13.3 所示,函数信号发生器输出正弦交流信号,示波器用以观察 u_2 与 u_S 的相位差,交流毫伏表用来测量正弦交流电压有效值。

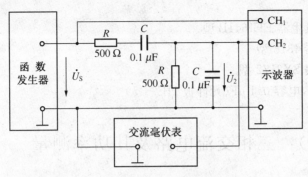

图 2.13.3　实验线路

函数信号发生器输出正弦交流电压,有效值为 $U_S = 3$ V。

实验时首先测量中心频率 f_0,方法是调节正弦交流信号频率 f,用示波器观察到 u_2 和 u_S 同相时,此时 f 的数值即为 f_0,再在频率 f_0 下测量 U_2 的数值。

然后分别在 $0.1f_0$、$0.5f_0$、$5f_0$、$10f_0$ 下(注意:在频率改变后,仍保持 $U_S = 3$ V)测出 U_2 和 φ。

将数据记录于表 2.13.1 中,且根据数据画出对数频率特性曲线。

表 2.13.1　频率特性测量数据

f(kHz)	$0.1f_0$	$0.5f_0$	f_0 (　　)	$5f_0$	$10f_0$
U_S(V)			3		
U_2(V)					
U_2/U_S					
φ			0		

用示波器测量 φ 角时应注意:φ 为 u_2 超前于 u_S 的相位角,当 u_2 滞后于 u_S 时,φ 应记为负值。

2.13.4　预习要求

(1) 复习频率特性的概念和测试方法。

(2) RC 串并联电路,按 $R = 500$ Ω、$C = 0.1$ μF 计算出中心频率 f_0 的数值,且分别计算出在 $0.1f_0$、$0.5f_0$、$5f_0$ 和 $10f_0$ 下 $\dfrac{U_2}{U_S}$ 和 φ 的数值。

2.13.5　思考题

RC 串并联选频网络是低通、高通还是带通网络?

2.13.6　仪器与器材

(1) 函数信号发生器 EE1641B 型　　　　　　　　　1 台
(2) 双踪示波器 4318 型　　　　　　　　　　　　　1 台
(3) 交流毫伏表 SX2172 型　　　　　　　　　　　　1 台
(4) 电阻 500 Ω,电容 0.1 μF(元件板 HE-15)　　　　各 2 只

2.14(实验 14)　三相交流电路及其功率测量

2.14.1　实验目的

(1) 学会三相交流电路负载的星形和三角形接法。
(2) 掌握对称三相交流电路中,线电压和相电压、线电流和相电流的关系。
(3) 了解不对称负载星形接法下中线的作用。
(4) 掌握三相交流电路中电流、电压、功率的测量方法。

2.14.2　实验原理

1) 三相交流电路负载的星形接法和三角形接法,以及线电压和相电压、线电流和相电流的关系

(1) 负载星形接法

星形接法三相四线制电路如图 2.14.1 所示。线电压是相电压的 $\sqrt{3}$ 倍,即 $U_L = \sqrt{3} U_P$,线电流即是相电流,即 $I_L = I_P$,中线电流 $\dot{I}_O = \dot{I}_U + \dot{I}_V + \dot{I}_W$。

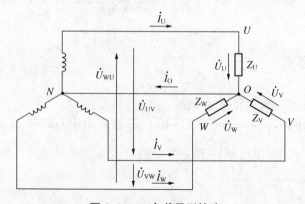

图 2.14.1　负载星形接法

若负载对称,$Z_U = Z_V = Z_W = Z$,则中线电流 $\dot{I}_O = 0$,中线可以省去,即为三相三线制。

若负载不对称,则中线电流 $\dot{I}_0 \neq 0$,故必须有中线。如无中线,则会导致负载中点电位浮动,负载上相电压高于或低于电源相电压,使负载不能正常工作,甚至造成损坏。

(2) 负载三角形接法

负载三角形接法如图 2.14.2 所示,为三相三线制。

线电压即为相电压,$U_L = U_P$。

若负载对称,则线电流为相电流的 $\sqrt{3}$ 倍,即 $I_L = \sqrt{3} I_P$。

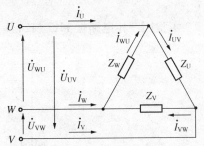

图 2.14.2　负载三角形接法

2) 三相交流电路有功功率的测量

(1) 三功率表法

用功率表测出各相负载的有功功率 P_U、P_V、P_W,然后相加得到三相交流电路的总功率 $P = P_U + P_V + P_W$。

若负载对称,则只需测出一相负载功率乘以三倍,即 $P = 3P_1$。一相负载上功率测量接线如图 2.14.3 所示。

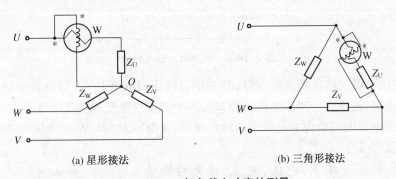

(a) 星形接法　　　　　　　　(b) 三角形接法

图 2.14.3　一相负载上功率的测量

(2) 二功率表法

二功率表法适用于三相三线制,而不论负载是星形还是三角形接法,也不论负载是否对称。

二功率表法测量三相交流电路功率的接线如图 2.14.4 所示,两只功率表的电流线圈分别串入两相线(火线)中,而功率表的电压线圈非发电机端均接在另一相线上。若两只功率表测得功率为 P_1 和 P_2,则三相电路总功率 $P = P_1 + P_2$。

在正确接线情况下,如有一只功率表反偏,则应将该表电流线圈反接,并将读数取负值。

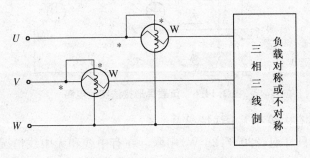

图 2.14.4　二功率表法

2.14.3　实验内容与实验电路

实验用三相电路板 HE-12,其三相负载、开关、电流插口连接如图 2.14.5 所示。

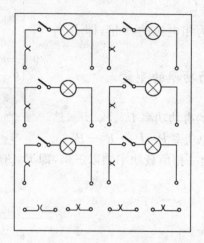

图 2.14.5　实验用三相电路板

U、V、W(黄、绿、红)各相负载为灯,开关用以接通或断开灯泡,与负载串联的电流插口用于测量相电流,最下面一排 4 个电流插口可用于测量线电流和中线电流。

三相交流电源由实验台上三相调压输出提供,线电压为 380 V,相电压为 220 V,相线为 U、V、W,电源中点为 N。

1) 负载星形连接下,电压、电流、功率的测量

在实验电路板上负载作星形连接,如图 2.14.6 所示。

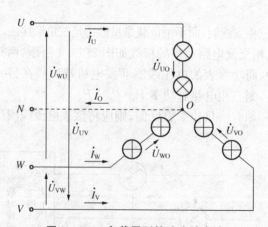

图 2.14.6　负载星形接法实验电路

(1) 负载对称,有中线和无中线情况

每相负载为两只灯泡(220 V,25 W)串联。在有中线和无中线情况,测量各线电压、相电压,线电流(即相电流)和中线电流,中点间电压(负载中点 O 与电源中点 N 之间电压),各相功率。

（2）负载不对称

① U 相负载开路,有中线和无中线情况

U 相负载开路,即将 U 相开关断开,V、W 相负载仍各为两只灯泡。

在有中线和无中线情况,测量各线电压、相电压,线电流和中线电流,中点间电压,各相功率。

② U 相短路,无中线情况

U 相负载短路,V、W 相负载仍各为两只灯泡,在无中线情况下测量各线电压、相电压,线电流,各相功率。

将以上各实验测量数据填入表 2.14.1 中。

表 2.14.1　负载星形连接测量数据

项　目		$U_{UV}(V)$	$U_{VW}(V)$	$U_{WU}(V)$	$U_{UO}(V)$	$U_{VO}(V)$	$U_{WO}(V)$
负载对称	有中线						
	无中线						
负载不对称	U 相开路有中线						
	U 相开路无中线						
	U 相短路无中线						

项　目		$I_U(mA)$	$I_V(mA)$	$I_W(mA)$	$I_O(mA)$	$U_{ON}(V)$	$P_U(W)$	$P_V(W)$	$P_W(W)$
负载对称	有中线								
	无中线								
负载不对称	U 相开路有中线								
	U 相开路无中线								
	U 相短路无中线								

2）负载三角形连接下,电压、电流、功率的测量

三相电路板上,负载作三角形连接,如图 2.14.7 所示。

（1）负载对称

每相负载为两只灯泡串联。测量各线电压（即相电压）、线电流、相电流,以及用二瓦特表法测量功率。

（2）负载不对称

U 相负载开路,V、W 相负载仍为两只灯泡串联。测量各线电压、线电流、相电流,以及用二瓦特表法测量功率。

将以上实验测量数据填入表 2.14.2 中。

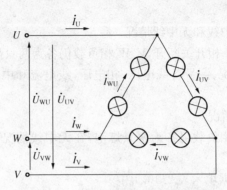

图 2.14.7 负载三角形接法实验电路

表 2.14.2 负载三角形连接测量数据

项　目	U_{UV} (V)	U_{VW} (V)	U_{WU} (V)	I_U (mA)	I_V (mA)	I_W (mA)	I_{UV} (mA)	I_{VW} (mA)	I_{WU} (mA)	P_1 (W)	P_2 (W)	P (W)
负　载 对　称												
负　载 不对称 U相开路												

注意事项:由于三相电源相电压为 220 V,所以实验时必须注意安全,改换接线时必须先切断电源,切记!

2.14.4　预习要求

(1) 根据三相电路板 HE-12,搞清如何连接成图 2.14.6 和图 2.14.7 电路。

(2) 搞清三相交流电路,电压、电流、功率的测量方法。

通常为了测量方便,电压表、电流表、功率表可按图 2.14.8 所示连接,搞清这样连接的道理,以及如何进行测量。

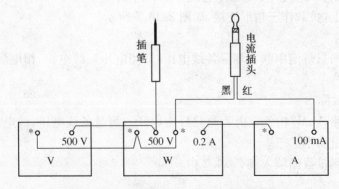

图 2.14.8 同时测 I、U、P 时,三表计的接法

2.14.5　思考题

（1）对实验内容 1）中，负载星形接法 U 相开路无中线和 U 相短路无中线情况，画出相量图，决定负载中点浮动后的位置，且由相量图决定 U_{ON} 的数值，和测量结果比较。

（2）三相三线制不对称负载中，若某一相，如 U 相负载为电容，其他两相为相同的灯泡负载，则灯泡较亮的一相为 V 相，较暗的一相为 W 相，此方法用以测定三相电源的相序。试证明此方法的正确性。（若取 U 相电容为 $0.68\ \mu F$，其他两相为两灯串联，可实验测定相序）

（3）使用功率表（接线、量程选择、读数）应注意哪些事项？

（4）二瓦特表测三相电路功率时，如出现指针反偏，应如何处理？设负载对称，为感性，在什么情况下会出现指针反偏？

2.14.6　仪器与器材

（1）三相电路板 HE - 12　　　　　　　　　　　　　　　　　　　1 块
（2）交流电压表、交流电流表　　　　　　　　　　　　　　　　各 1 只
（3）功率表　　　　　　　　　　　　　　　　　　　　　　　　1 只

2.15（实验 15）　三相异步电动机的继电接触器控制

2.15.1　实验目的

（1）了解交流接触器、热继电器、时间继电器、中间继电器、控制按钮等控制电器的作用、结构、工作原理和使用方法。

（2）掌握三相异步电动机实现直接启动，正—反转控制，Y—△启动控制的方法。

（3）增强阅读和连接实际控制电路的能力，并学会用万用表检查控制电路，逐步提高分析和排除线路故障的能力。

2.15.2　实验原理

在对一般容量不大的异步电动机频繁操作和远距离控制中，常用交流接触器、热继电器、时间继电器、中间继电器、控制按钮等控制电器对异步电动机实现启动—停止、正—反转控制、Y—△启动控制等操作，同时对异步电动机起欠压和过载保护作用。电机的电路分为两部分：一是流过电机绕组电流的电路，称为主电路；二是控制主电路通断或监视，保护主电路正常工作的电路，称为控制电路。

1）控制电器
（1）交流接触器

交流接触器是利用电磁吸力来工作的电磁开关,它由一个铁芯线圈吸引衔铁带动三个主触点和若干个辅助触点。主触点接在主电路中,对电动机起连通或断开作用。线圈和辅助触点接在控制电路中,辅助触点起接通或断开控制电路某分支的作用,辅助触点可接成自锁或互锁形式,自锁起自保持电路连续工作的作用,互锁可起互锁保护作用。交流接触器还可起欠压保护作用。选用交流接触器时应注意其额定电流、线圈额定电压及触点数量是否满足要求。

(2) 热继电器

热继电器主要由发热元件、感受元件和触点组成,是利用电流的热效应而动作的一种自动电器。发热元件接在主电路中,触点接在控制电路中。当电机长期过载时,主电路中的发热元件过分发热,感受元件动作,使其接在控制电路中的常闭触点断开,从而断开控制电路,使交流接触器线圈失电,于是电动机主电路断开,起到过载保护作用。注意,由于热惯性,热继电器不能起短路保护作用(用熔断器对电机进行短路保护)。选用热继电器时,应使其额定电流等于或稍大于电动机的额定电流。

(3) 时间继电器

时间继电器是按照所整定的时间间隔长短进行动作的一种继电器。按结构和工作原理不同分为电磁式、电动式、空气阻尼式和电子式时间继电器。时间继电器有通电延时和断电延时两种类型。通电延时继电器:线圈通电时触点延时动作,线圈断电时触点瞬时复位。断电延时继电器:线圈断电时,触点延时复位,线圈通电时,触点瞬间动作。

本实验中采用的是通电延时型电子式时间继电器,最大延时时间为 60 秒。

(4) 中间继电器

中间继电器是通常用来传递信号和同时控制多个电路的电磁电器。中间继电器的结构和交流接触器基本相同,只是电磁系统小些,触点多些。触点无主辅之分,其额定电流较小,当电动机的额定电流不超过触点的额定电流时,也可用中间继电器代替交流接触器接通,断开主电路。

(5) 按钮

按钮用来接通或断开控制电路(其中电流很小),从而控制电动机的运行。按钮有一个或两个常开和常闭触点。

在控制线路原理图中,交流接触器、热继电器、时间继电器、中间继电器的所有触点所处的状态都是表示线圈没有通电时所处的状态。线圈未通电时,触点是断开的称常开触点,触点是闭合的称常闭触点。按钮触点的状态是表示按钮未按下时的状态,按钮未按下时,触点断开的称常开触点,触点闭合的称常闭触点。

2) 三相异步电动机的继电接触器控制

(1) 自锁

在电机继电接触器控制中,常要求某电器通电后能自动保持其动作后状态,即有自锁作用。这种自锁作用是实现电机连续运行的基本环节。

(2) 互锁

使两个电器不能同时动作,称之为互锁(联锁)。

例如,三相异步电动机的定子绕组通入三相交流电便会产生旋转磁场,旋转磁场的转向取决于三相交流电的相序,改变相序即可改变旋转磁场的转向,从而改变电动机的转动方向。在电动机正—反转控制中,就需采用按钮的触点和交流接触器的触点组成互锁控制电路,以保证实现正反转的安全切换。

（3）Y—△启动

异步电动机的启动电流为额定电流的 5～7 倍。过大的启动电流将引起电网电压过分下降，影响接在同一电网上的其他电机与电器设备的正常运行。

对于在工作时定子绕组是三角形连接的电动机，常用 Y—△启动的方法来降低启动电流。启动时先将定子绕组接成星形，等转速增加到一定要求时再改为三角形连接，这样启动电流可降为三角形接法直接启动的 1/3。但是启动转矩也减小到△接法直接启动的 1/3，因此，这种方法只运用于空载或轻载时启动。

2.15.3 实验内容与实验电路

1）直接启动控制电路

（1）异步电动机的点动

按图 2.15.1 所示接好主电路和控制电路（虚线部分暂不接）。图中 Q 是三相交流电源开关，FU 是熔断器（熔丝），KM 是交流接触器，FR 是热继电器，SB$_1$ 和 SB$_2$ 分别是启动、停止按钮，M 是三相异步电动机，其三相绕组作星形连接。

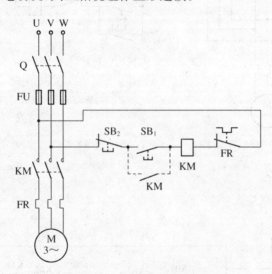

图 2.15.1 直接启动控制电路

操作步骤：首先合上三相交流电源开关 Q，再按启动按钮 SB$_1$，观察电动机的点动情况，即按住 SB$_1$ 时电机运转，放开 SB$_1$ 时电机停转。实验完毕后断开电源开关 Q。

（2）异步电动机带自锁功能的直接启动控制

将交流接触器 KM 的常开辅助触点并在启动按钮 SB$_1$ 两端，如图 2.15.1 中虚线所示部分。

操作步骤：重新合上电源开关 Q。按下启动按钮 SB$_1$，观察电动机的运转情况，理解自锁功能，按下停止按钮 SB$_2$，电机停转，控制电路复位。然后断开电源开关 Q。

2）三相异步电动机的正—反转控制

（1）按图 2.15.2(a)接好主电路和控制电路。

图中 KM$_F$、KM$_R$ 分别是使电机正转、反转连接的交流接触器，SB$_1$、SB$_2$ 分别是正转、反转按钮，SB$_3$ 是停止按钮。

　　操作步骤:合上三相交流电源开关 Q。按下正转按钮 SB₁,观察电机转向。然后按停止按钮 SB₃ 停机,控制电路复位。再按反转按钮 SB₂,这时观察电机转向应与之前相反。

　　应注意,该电路按正转按钮 SB₁,使电机正向转动后,若不按停止按钮 SB₃,而直接按反转按钮 SB₂,则各电器并不动作,电机继续正向转动,这是由于 KM_F、KM_R 常闭触点互锁作用,从而保证 KM_F、KM_R 线圈不会同时通电,交流接触器 KM_F、KM_R 主触点不会同时接通而造成电源短路。

　　实验完毕,断开电源开关 Q。

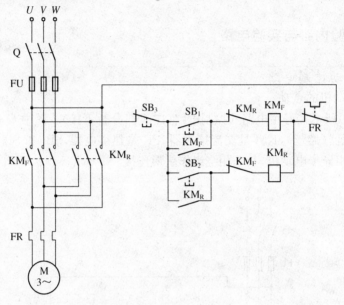

(a)

(b)

图 2.15.2　电动机正、反转的控制电路

（2）按图 2.15.2(b)所示控制电路接线。

该控制电路为采用复式按钮（具有常开和常闭触点的按钮）互锁和交流接触器触点互锁保护的控制电路。当由正转向反转切换时，可不必先按下停止按钮 SB_3，而直接按下反转按钮 SB_2 就可使电机反向转动。

操作步骤：合上电源开关 Q。按下正向转动按钮 SB_1，观察电机正向转动。按下反向转动按钮 SB_2，观察电机反接制动—反向启动过程。按下停止按钮 SB_3，电机停止转动，控制电路复位。断开电源开关 Q。

3）Y—△启动控制电路

按图 2.15.3 连接电路。图中 K 是中间继电器，KT 是时间继电器。调节时间继电器的延时调节旋钮于中间位置，使延时时间为 30 s 左右。注意图中 KM_2'、KM_2'' 是表示第二个交流接触器不同的两个常闭触点，K'、K'' 是表示中间继电器的不同的两个常开触点。

操作步骤：合上三相交流电源开关 Q。合上启动按钮 SB_1，观察电动机在 Y 接法下启动情况。经过约 30 s 时间延时后，观察电机自动换接为△接法下运行。按下停止按钮，电机停转，控制电路复位。断开电源开关 Q。

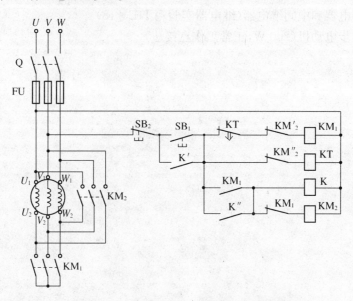

图 2.15.3　电动机 Y—△启动的控制电路

必须注意：图 2.15.1、图 2.15.2、图 2.15.3 中，交流接触器、时间继电器、中间继电器等控制电器的线圈额定电压均为 380 V，若为 220 V，则控制电路的两端应接在任一相线（火线）及中线上。

2.15.4　预习要求

（1）复习有关交流接触器、热继电器、时间继电器、中间继电器、按钮等控制电器的结构和工作原理。

（2）熟悉实验线路，搞清实验中控制电路的工作原理。

2.15.5　思考题

(1) "自锁"在控制电路中的作用是什么? 举例说明。

(2) "互锁"在控制电路中的作用是什么? 举例说明。

(3) 对图 2.15.2(a)电路,在电动机正转和电动机反转情况下,指出各控制电器的触点处于何种状态(闭合,断开)。

(4) 在图 2.15.2(b)正—反转控制电路中,为什么要采用复式按钮?

(5) 对图 2.15.3 电路,分析控制电路的工作原理。

2.15.6　仪器与器材

(1) 三相交流电源	1 组
(2) 交流接触器和按钮(接触器实验箱 HE‑17)	2 只,3 只
(3) 时间继电器和中间继电器(继电器实验箱 HE‑18)	各 1 只
(4) 三相异步电动机(200 W,正常工作△接法)	1 只

第3篇 Multisim 10 仿真实验

3.1 Multisim 技术及其发展

在信息化时代中,计算机技术发展迅猛,并在全世界得到广泛的应用。计算机已经成为工作生活中不可或缺的工具,特别是我们经常用到的各种各样的计算机软件,给我们带来了极大的便利,其中电子设计自动化(Electronic Design Automation,EDA)就是一款优秀的电子仿真软件。EDA 技术借助于计算机的强大功能,使电子电路的设计、性能参数的仿真以及印制电路板等繁琐的任务变得轻而易举;许多繁杂、抽象和枯燥的理论和概念,通过使用 EDA 仿真软件,将变得异常简单、直观和生动。因而 EDA 技术逐渐成为学习电子技术的一种重要辅助手段,也成为高校理工科学生必备技能和追捧的对象,也是电子设计人员必须掌握的一门技术。

Multisim 计算机虚拟仿真软件是一款界面形象直观、操作方便、分析功能强大、易学易用的优秀 EDA 软件。提到 Multisim 计算机虚拟仿真技术,我们还得从 20 世纪 90 年代广为推广的电子仿真软件 EWB 说起。加拿大 IIT 公司(Interactice Image Technologies company)于 20 世纪 80 年代推出的颇具特色的电子仿真软件 EWB 5.0 曾风靡全世界,受到电子行业技术人员的交口称赞。跨入 21 世纪,加拿大 IIT 公司在保留原版本的优点基础上,增加了更多功能和内容,特别是改进了 EWB 5.0 软件虚拟仪器调用有数量限制的缺陷,将 EWB 软件更新换代推出 EWB 6.0 版本,开始取名 Multisim,也就是 Multisim 2001 版本。2003 年,加拿大 IIT 公司将 Multisim 2001 升级为 Multisim 7.0 版本,电子仿真软件 Multisim 7.0 的功能已相当强大,能胜任一般电子电路的分析和仿真实验。它有十分丰富的电子元器件库,可供用户调用组建仿真电路进行实验;它提供 18 种基本分析方法,可供用户对电子电路进行各种性能分析;它还有多达 17 台虚拟仪器和一个实时测量探针,可以满足常规电子电路的测试实验。此后,加拿大 IIT 公司又相继推出了 Multisim 8.0、8.3.30 等版本,但这些版本与 Multisim 7.0 相比并没有太大区别。可以说 Multisim 8.0 版本是加拿大 IIT 公司推出的电子仿真软件的终极版。

2005 年以后,加拿大 IIT 公司被美国国家仪器公司(National Instrument,简称 NI 公司)所收购,实现了强强联合。NI 公司于 2006 年初首次推出 Multisim 9.0 版本与以前加拿大 IIT 公司推出的 Multisim 7.0 版本有着本质上的区别。虽然它的界面、元件调用方式、搭建电路、虚拟仿真、电路基本分析方法等方面还是沿袭了 EWB 的优良传统,但软件内容和功能已大不相同。2007 年初,美国 NI 公司又推出更新的版本 Multisim 10.0,后经补充完善,目前的版本为 Multisim 10.0.1。实际上这时美国 NI 公司推出的 NI Multisim 10 软件,再不是以前的 EWB 了。可以这样认为,EWB 主要功能在于一般电子电路的虚拟仿真;而 NI Multisim 10 软件则不仅仅局限于电子电路的虚拟仿真,其在 LabVIEW 虚拟仪器、单片机仿真、VHDL 和 VerilogHDL 建模、Ultiboard 设计电路板等技术方面都有更多的创新和提高,属于 EDA 技术的更高层次范畴。

　　Multisim 是一个完整的设计工具系统,提供了一个庞大的元件数据库,并提供原理图输入接口、全部的数模 SPICE 仿真功能、VHDL/Verilog 设计接口与仿真功能、FPGA/CPLD综合、RF 射频设计能力和后处理功能,还可以进行从原理图到 PCB 布线工具包的无缝数据传输。它提供的单一易用的图形输入接口可以满足使用者的设计要求。

　　利用 Multisim 10 可以实现计算机仿真设计与虚拟实验,与传统的电子电路设计与实验方法相比,具有如下特点:设计与实验可以同步进行,可以边设计边实验,修改调试方便;设计和实验用的元器件及测试仪器齐全,可以完成各种类型的电路设计与实验;可以方便地对电路参数进行测试和分析,实验所需元器件的种类和数量不受限制,实验成本低,速度快,效率高;设计和实验的电路可以在产品中使用。

　　Multisim 10 易学易用,便于通信工程、电子信息、自动化、电气控制等专业学生学习和进行综合性的设计、实验,有利于培养综合分析能力、开发能力和创新能力。

3.2　Multisim 10 基本界面及设置

3.2.1　电子仿真软件 Multisim 10 基本界面

　　在安装好电子仿真软件 Multisim 10 后,在计算机桌面上会出现 Multisim 10.1 图标,双击图标就可以看到 Multisim 10 教育版启动画面,如图 3.2.1 所示。

图 3.2.1　Multisim 10.1 教育版启动画面

　　然后是首次进入基本界面,如图 3.2.2 所示。

主菜单栏 系统工具栏　　设计工具栏　　　　　　　仿真开关

使用中元件列表框

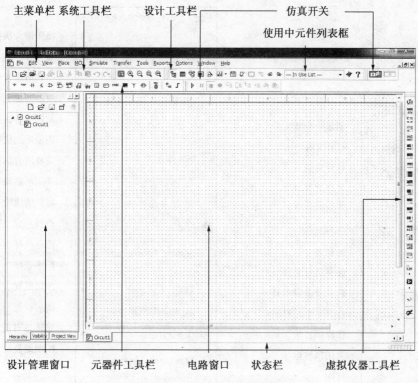

设计管理窗口　　元器件工具栏　　电路窗口　状态栏　　　虚拟仪器工具栏

图 3.2.2　Multisim 10 基本界面

3.2.2　Multisim 10 的主菜单栏

Multisim 10 的界面与 Windows 应用程序一样,可以在主菜单中找到各个功能的命令。基本界面最上方是主菜单栏(Menus),共 12 项,它们的中文译意如图 3.2.3 所示。

文件　　　视图　　　单片机　　　传递　　　　报告　　　　窗口

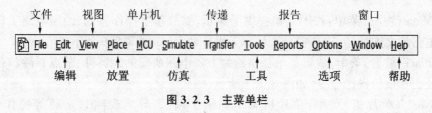

编辑　　　放置　　　仿真　　　　工具　　　选项　　　　帮助

图 3.2.3　主菜单栏

下面一一列出主菜单栏的各个功能命令。

(1) File(文件)菜单:文件菜单用于 Multisim 所创建电路文件的管理,包括打开、新建、保存文件等操作命令,用法与 Windows 类似。在此简要说明,如图 3.2.4 所示。

(2) Edit(编辑)菜单:编辑菜单提供了对电路窗口中的电路或元件进行撤销、删除、复制、翻转等操作命令。在此简要说明,如图 3.2.5 所示。

图 3.2.4　文件菜单

图 3.2.5　编辑菜单

（3）View(视图)菜单：视图菜单提供了显示、缩放基本操作界面、绘制电路工作区的显示方式、电路的文本描述、工具栏是否显示等操作命令，如图 3.2.6 所示。

（4）Place(放置)菜单：放置菜单提供绘制方阵电路所需的元器件、节点、导线，各种连接接口，以及文本框等操作命令，如图 3.2.7 所示。

（5）MCU(单片机)菜单：单片机菜单提供了调试、导入、导出、运行等操作命令，如图 3.2.8 所示。

（6）Simulate(仿真)菜单：仿真菜单提供了启停电路仿真和仿真所需的各种仪器仪表；提供对电路的各种分析；设置仿真环境等仿真操作命令，如图 3.2.9 所示。

（7）Transfer(传递)菜单：传递菜单提供仿真电路的各种数据与 Ultiboard 10 和其他 PCB 软件的数据互相传递功能，如图 3.2.10 所示。

（8）Tools(工具)菜单：工具菜单提供各种常用电路、元件编辑器、数据库等操作命令，如图 3.2.11 所示。

图 3.2.6　视图菜单

View Place MCU Simulate Trans		
Full Screen		全屏
Parent Sheet		层次
Zoom In	F8	缩小
Zoom Out	F9	放大
Zoom Area	F10	区域放大
Zoom Fit to Page	F7	放大到适合页面
Zoom to Magnification...	F11	按倍数放大
Zoom Selection	F12	选择性放大
Show Grid		显示网格
Show Border		显示边框
Show Page Bounds		显示页边界
Ruler Bars		显示标尺栏
Status Bar		状态条
Design Toolbox		设计工具箱
Spreadsheet View		扩展页面窗口
Circuit Description Box	Ctrl+D	电路描述箱
Toolbars		工具栏
Show Comment/Probe		标注
Grapher		打开/关闭图形编辑器

Place MCU Simulate Transfer Tools Reports		
Component...	Ctrl+W	元件
Junction	Ctrl+J	节点
Wire	Ctrl+Q	导线
Bus	Ctrl+U	总线
Connectors		连接器
New Hierarchical Block...		创建新的层次模块
Hierarchical Block from File...	Ctrl+H	从文件中选择层次模块
Replace by Hierarchical Block...	Ctrl+Shift+H	层次模块替换
New Subcircuit...	Ctrl+B	创建新的子电路
Replace by Subcircuit...	Ctrl+Shift+B	子电路替代
Multi-Page...		多页设置
Merge Bus...		总线设置
Bus Vector Connect...		总线矢量连接
Comment		标注
Text	Ctrl+T	文本
Graphics		制图
Title Block...		图表明细
Place Ladder Rungs		放置梯级

图 3.2.7　放置菜单

MCU　Simulate　Transfer　Tools

No MCU Component Found	没有发现单片机组成部分
Debug View Format　▶	调试期格式
MCU Windows...	单片机窗口
Show Line Numbers	显示行号
Pause	暂停
Step Into	导入
Step Over	跨过
Step Out	导出
Run to Cursor	运行到光标处
Toggle Breakpoint	切换断点
Remove All Breakpoints	删除所有断点

图 3.2.8　单片机菜单

Simulate　Transfer　Tools　Reports

Run	F5	运行
Pause	F6	暂停运行
Stop		停止运行
Instruments　▶		虚拟仪器
Interactive Simulation Settings		交互仿真设置
Digital Simulation Settings		数字仿真设置
NI ELVIS II Simulation Settings		尼埃尔维斯 II 仿真设置
Analyses　▶		分析方法
Postprocessor		后仿真
Simulation Error Log/Audit Trail		仿真误差记录/查账索引
XSPICE Command Line Interface		Xspice 命令行界面
Load Simulation Settings...		导入仿真设置
Save Simulation Settings...		保存仿真设置
Auto Fault Option...		自动差错选项
VHDL Simulation		VHDL 仿真
Dynamic Probe Properties		动态探头性能
Reverse Probe Direction		扭转探头方向
Clear Instrument Data		清除仪器数据
Use Tolerances		使用公差

图 3.2.9　仿真菜单

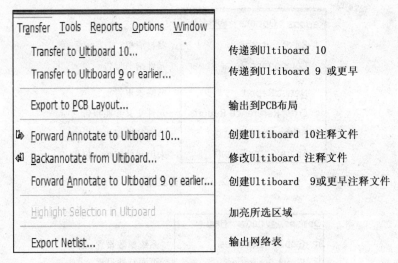

图 3.2.10　传递菜单

Transfer to Ultiboard 10...	传递到 Ultiboard 10
Transfer to Ultiboard 9 or earlier...	传递到 Ultiboard 9 或更早
Export to PCB Layout...	输出到 PCB 布局
Forward Annotate to Ultiboard 10...	创建 Ultiboard 10 注释文件
Backannotate from Ultiboard...	修改 Ultiboard 注释文件
Forward Annotate to Ultiboard 9 or earlier...	创建 Ultiboard 9 或更早注释文件
Highlight Selection in Ultiboard	加亮所选区域
Export Netlist...	输出网络表

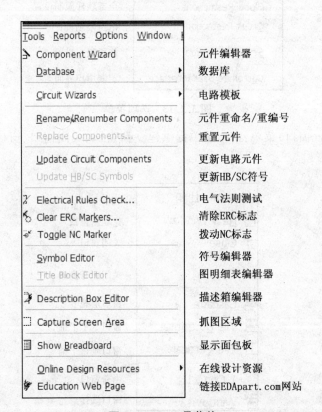

图 3.2.11　工具菜单

Component Wizard	元件编辑器
Database	数据库
Circuit Wizards	电路模板
Rename/Renumber Components	元件重命名/重编号
Replace Components...	重置元件
Update Circuit Components	更新电路元件
Update HB/SC Symbols	更新 HB/SC 符号
Electrical Rules Check...	电气法则测试
Clear ERC Markers...	清除 ERC 标志
Toggle NC Marker	拨动 NC 标志
Symbol Editor	符号编辑器
Title Block Editor	图明细表编辑器
Description Box Editor	描述箱编辑器
Capture Screen Area	抓图区域
Show Breadboard	显示面包板
Online Design Resources	在线设计资源
Education Web Page	链接 EDApart.com 网站

（9）Reports(报告)菜单：报告菜单主要用于产生指定元件存储在数据库中的所有信息和当前电路窗口中所有元件的详细参数报告等操作，如图 3.2.12 所示。

（10）Options(选项) 菜单：选项菜单提供根据用户需要自己设置电路功能、存放模式以及工作界面功能等操作，如图 3.2.13 所示。

Reports Options Window	
Bill of Materials	器材清单
Component Detail Report	元件细节报告
Netlist Report	网络表报告
Cross Reference Report	元件交叉参照报告
Schematic Statistics	简要统计报告
Spare Gates Report	未用元件门统计报告

图 3.2.12　报告菜单

Options Window Help	
Global Preferences...	系统参数设置
Sheet Properties	页面特性设置
Global Restrictions	全部软件限制设置
Circuit Restrictions	电路限制设置
Simplified Version	简化版本设置
Customize User Interface	定制用户界面

图 3.2.13　选项菜单

(11) Window(窗口)菜单:窗口菜单提供建立新窗口、关闭窗口、窗口选择等操作命令,如图 3.2.14 所示。

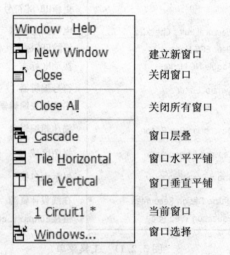

Window Help	
New Window	建立新窗口
Close	关闭窗口
Close All	关闭所有窗口
Cascade	窗口层叠
Tile Horizontal	窗口水平平铺
Tile Vertical	窗口垂直平铺
1 Circuit1 *	当前窗口
Windows...	窗口选择

图 3.2.14　窗口菜单

(12) Help(帮助)菜单:帮助菜单为用户提供在线技术帮助和使用,以及版本介绍等,如图 3.2.15 所示。

图 3.2.15　帮助菜单

3.2.3　Multisim 10 基本界面调整和设置

1）基本界面的调整

为了使基本界面上的电路窗口图纸更宽阔,有利于在电路窗口中组建仿真电路,在基本界面上,可以暂时关闭"设计管理窗口"(注:如有必要打开,可以单击主菜单"View/Design Toolbox"打开"设计管理窗口");并可以将重复的仿真"开关工具栏"关闭一个(注:如有必要打开或添加工具栏,可以点击主菜单"View/Toolbars"选择相应工具栏打开或添加);用鼠标直接拉动"虚拟仪器工具栏"到原"开关工具栏"位置,经以上操作调整后的基本界面如图 3.2.16 所示。

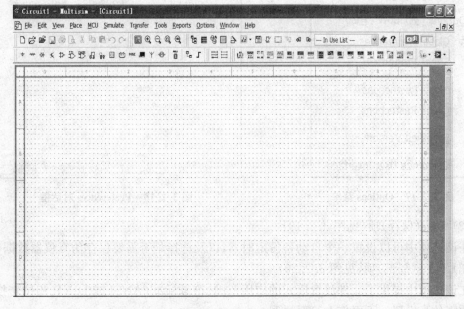

图 3.2.16　调整后的基本界面

2) 基本界面的系统参数设置

为了方便原理图的创建与电路的仿真分析,在进行调出元件连接仿真电路之前,有必要对电子仿真软件 Multisim 10 的基本界面进行系统参数设置。Multisim 10 基本界面的系统参数设置,包含存储路径、元件放置模式、自动存储时间、符号系统(ANSI 或 DIN)等。设置完成后可以将设置内容保存起来,以后再次打开软件就可以不必再作设置。

基本界面系统参数设置是通过主菜单"Options"(选项)菜单的下拉菜单提供的各项选择功能进行的。首先单击主菜单"Options",将出现其下拉菜单,如图 3.2.17 所示。选择其中的第一项"Global Preferences..."(系统参数)命令,将会弹出"Preferences"(参数选择)对话框,如图 3.2.18 所示,该对话框包含 Paths(路径设置)、Save(保存设置)、Parts(局部设置)、General(一般设置)四项内容。下面具体介绍各个设置项的内容。

(1) Paths(路径)项(如图 3.2.18 所示)

Multisim 安装的时候都把文件放置在某个具体位置,如果需要,可以为 Multisim 指定一个新的位置。在 Paths 项下包含各个选项、各个设置参数的用户设置文件,可以重新指定路径。例如 Circuit default path 是电路默认路径,所有的新建文件都将保存在这里;User button images path 是用户创建图形的保存位置。

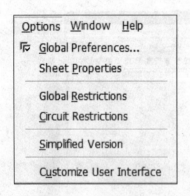

图 3.2.17　Options 菜单　　　　　　图 3.2.18　Preferences 对话框

(2) Save(保存)项(见图 3.2.19)

在该选项中可以设置一个自动备份定时器,以及选择是否需要保存仿真仪器数据等。

(3) Parts(局部)项(见图 3.2.20)

在该选项中提供了元件放置模式的应用范围、符号标准(ANSI 或 DIN)、相位转换方向以及数字仿真设置。下面作一简要说明:

Place component mode(放置元件方式)区:

Return to component browser after placement:放置元件后返回元件浏览窗口。

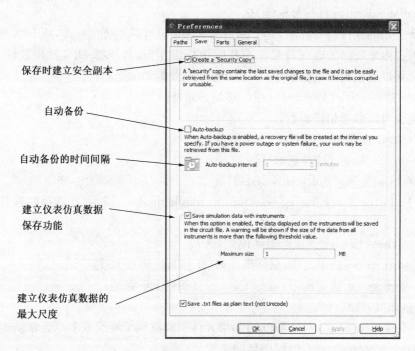

图 3.2.19　Save 项

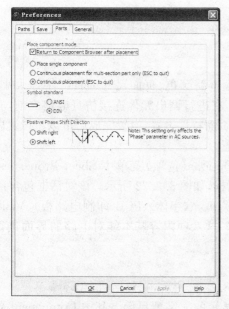

图 3.2.20　Parts 项

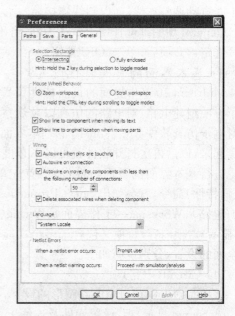

图 3.2.21　General 项

Place single component：仅允许一次放置一个被选元件。

Continuous place for multi-section part only(ESC to quit)：只适用于复合封装元件，可以连续放置，直至全部放置。

Continuous placement(ESC to quit)：允许在放置每个元件后，通过连续点击工作空间而放置多个该元件。在本书应用中，选择此项。

Symbol standard(元件符号标准)区：

选取所采用的元件符号标准,其中的 ANSI 选项设置采用美国标准,而 DIN 选项设置采用欧洲标准。由于我国的电气符号标准与欧洲标准相似,故选择 DIN 选项。注意:符号标准的选用只对以后编辑的电路有效,而不会更改以前编辑的电路符号。

Positive Phase Shift Direction(相位移动方向)区：

设置交流电源参考相位参数。

(4) General(一般)项(如图 3.2.21 所示)

Selection Rectangle(选择矩形)区：

Intersection:交叉。Fully enclosed:封装。

Hint:Hold the Z key during selection to toggle modes :提示:在选择时按住 Z 键可以进行切换。

Mouse Wheel Behavior(鼠标滚动模式)区：

Zoom workspace:选定此项,鼠标滚动时,工作页面将放大或缩小。

Scroll workspace:选定此项,鼠标滚动时,页面将上下移动。

Wiring(布线,连线)区：

Autowire when pins are touching:如果元件引脚碰到了导线或节点会自动连接。

Autowire on connection:由程序自动连线。

Autowire on move:在移动元件时,自动重新连线。如果不选择该项,那么移动元件时将不能自动调整连线,而以斜线连接。

General 项的其他选项以默认为准,可不做更改。

选定这几项后,单击"OK"按钮。

3) 基本界面的页面特性设置

Multisim 10 基本界面的页面特性设置,包含电路颜色、页面尺寸、布线、字体大小等。为了方便组建电路、对电路的仿真以及观察理解,在进行调出元件连接仿真电路之前,有必要对电子仿真软件 Multisim 10 的基本界面进行页面特性设置,设置完成后可以将设置内容保存起来,以后再次打开软件就可以不必再作设置。

进行基本界面的页面特性设置,首先单击 Options(选项)菜单中 Sheet Properties...(页面特性)命令,就会弹出 Sheet Properties 对话框,如图 3.2.22 所示。该对话框包含:Circuit(电路)、Workspace(工作界面)、Wiring(布线)、Font(字体)、PCB(印制电路板)、Visibility(显示)六项内容,每项又包含了多个功能选项。这六项内容基本能对电路的界面进行较为全面的设置,分别说明如下。

(1) Circuit(电路)项

该项是对电路窗口内电路图形的设置,如图 3.2.22 所示,它包括两个部分。

① Show(显示)项:设置元件及连线上所要显示的文字项目等。其中 Component 包括选择显示元件的标志、参考定义、参考值等;Net Names 可选择显示所有网络名称或者选择某个具体网络显示;Bus Entry 可选择是否显示总线的标志。

② Color(颜色)项:设置编辑窗口内各元件和背景的颜色。可在左上方的下拉栏内指定程序预置的集中配色方案,包括:Coustom(用户设置的配色方案)、Black Background(程序预置的黑底配色方案)、White Background(程序预置的白底配色方案)、White & Black(程序预置的白底黑白配色方案)、Black & White(程序预置的黑底黑白配色方案)五个选项。

后四种选项有程序预置好,选中即可。Coustom 由用户制定,其中包括六项图形的颜色需要分别设置:Background(编辑区颜色即背景颜色)、Selection(选中的区域颜色即框选线颜色)、Wire(元件连接线的颜色)、Component with mod(组件模型)、Component without mod(无组件模型)、Virtual components(虚拟元件)六项。可以单击设置颜色项目右边的按钮,打开色彩对话框,选取所需颜色,然后单击"OK"按钮。

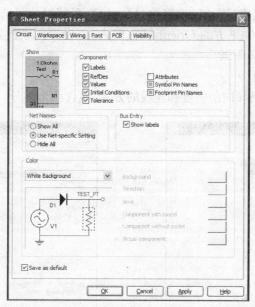

图 3.2.22　Sheet Properties 对话框 Circuit 项

（2）Workspace(工作界面)项

该项是对电路显示窗口图纸的设置,包含两个部分,如图 3.2.23 所示。

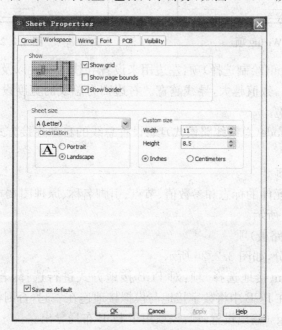

图 3.2.23　Workspace 项

① Show(显示)项:设置窗口图纸格式。左边是设置的预览窗口,右边是选项栏,分别为:Show grid(显示栅格),Show page bounds(显示纸张边界)和 Show border(显示边界)。

② Sheet size(纸张规格)项:Sheet size 和 Custom size:设置窗口图纸的规格大小及放置方向。在 Sheet size 项左上方,程序提供了 A、B、C、D、E、A4、A3、A2、A1、A0、Legal、Executive、Folio 等 14 种标准规格的图纸。如果要自定图纸尺寸,则选择 Custom 项,然后在 Custom size 区内指定图纸宽度(Width)和高度(Height),而其单位可选择英寸(Inches)或厘米(Centimeters)。另外,在左下方的 Orientation 区内,可设置图纸放置的方向,Portrait 为纵向图纸,Landscape 为横向图纸。

(3) Wiring(布线)项

该项是用来设置电路导向的宽度和连线的方式,包含两个部分,如图 3.2.24 所示。

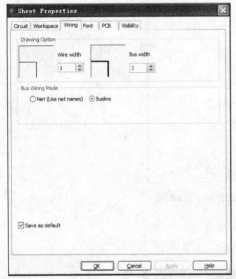
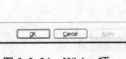

图 3.2.24　Wiring 项

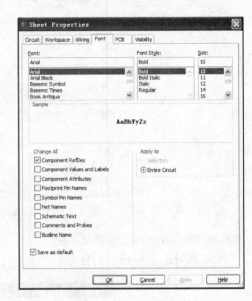

图 3.2.25　Font 项

① Drawing Option(绘制选择)项:左边用来设置导线的宽度以及预览小窗口。其宽度选值为 1 到 15 的整数,数值越大,导线越宽。右边则为总线的宽度设置及预览小窗口。同样,数值越大,导线越宽。

② Bus Wiring Mode(总线线路模式)项:设置总线的自动连接方式。一个为网络形式,一个为总线形式。

(4) Font(字体)项

该项是用来设置元件的标志和参数值、节点、引脚名称、原理图文本和元件属性等文字,其对话框如图 3.2.25 所示。

(5) PCB(印制电路板)项

该项分为三个部分,如图 3.2.26 所示。

① Ground Option(接地选择)项:对 PCB 接地方式进行选择,若选中 Connect digital ground to analog,则在 PCB 中将数字接地与模拟接地连在一起,否则将两者分开。

② Export Settings(输出设置)项:该项用于 PCB 布局导出。

③ Number of Copper Layer(铜层数量设置)项:将铜层的数量增加时,内部铜层的数量

便会增加。该设置用于 Ultiboard 的确定默认版建立。

（6）Visibility（显示）项

在该项中可以增加 Multisim 中有用的自定义标注层，如图 3.2.27 所示。

图 3.2.26　PCB 项　　　　　　　　　　　图 3.2.27　Visibility 项

① Fixed Layers（固定层）项：默认固定层。该项显示的内容包括各个元件的序列号、标志、值、引脚名、引脚标号等多项内容。

② Coustom Layers（自定义层）项：单击"Add"按钮增加要自定义标注层到表格中去。还可以在 Design Toolbox 中设置显示/隐藏这些层。

3.3　Multisim 10 的工具栏

Multisim 10 包含一些常用的工具栏，有系统工具栏、设计工具栏、元器件工具栏、虚拟仪器工具栏等，另外包含两处仿真开关。下面对各工具栏及仿真开关进行介绍。

3.3.1　系统工具栏

主菜单栏下方左侧是系统工具栏，共 16 项，如图 3.3.1 所示，并给出简要说明。

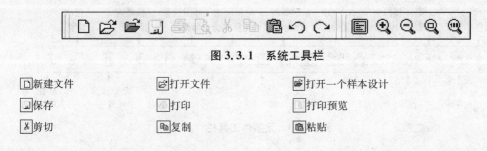

图 3.3.1　系统工具栏

新建文件　　　　　打开文件　　　　　打开一个样本设计

保存　　　　　　　打印　　　　　　　打印预览

剪切　　　　　　　复制　　　　　　　粘贴

　⤺撤销上一步　　　　　⤻不撤销　　　　　　　▣全屏

　🔍放大　　　　　　　　🔍调整到选定区域大小

　🔍缩小　　　　　　　　🔍调整到适合页面大小

3.3.2　设计工具栏

主菜单栏下方中间是设计工具栏,共15项,如图3.3.2所示,并给出简要说明。

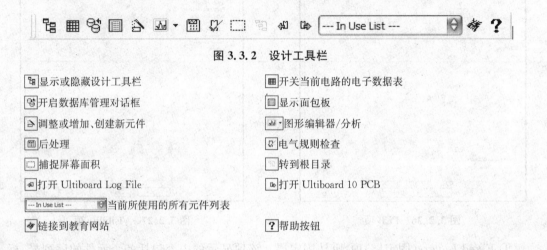

图3.3.2　设计工具栏

　🔳显示或隐藏设计工具栏　　　　　　　▦开关当前电路的电子数据表

　🔧开启数据库管理对话框　　　　　　　▢显示面包板

　📈调整或增加、创建新元件　　　　　　📈图形编辑器/分析

　▦后处理　　　　　　　　　　　　　　⚡电气规则检查

　▢捕捉屏幕面积　　　　　　　　　　　▢转到根目录

　📄打开 Ultiboard Log File　　　　　📄打开 Ultiboard 10 PCB

　--- In Use List ---▾ 当前所使用的所有元件列表

　🔗链接到教育网站　　　　　　　　　　?帮助按钮

3.3.3　仿真开关

在主菜单栏下有两处仿真开关,分别是"▶️❙❙■⏺❙❙❘❙❘🔲"与"❘❙▢▢❘",它们主要用于单片机和电路仿真。

"▶️"和"❙▢▢❘"仿真运行按钮。

"❙❙"和"❙▢▢❘"仿真暂停按钮。

"■"和"❙▢▢❘"仿真停止按钮。

"⏺❙❙❘❙❘❙❘🔲"这些按钮的功能,请参考图3.2.8的注释。

3.3.4　元器件工具栏

在系统工具栏的下方是元器件工具栏,它分门别类地集中了大量的常用仿真元器件。在元器件工具栏中,它们以元件库形式示出,如图3.3.3所示,并做出简要说明。

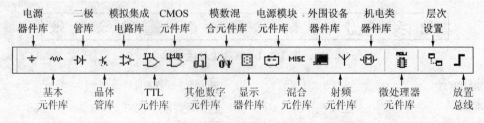

图3.3.3　元器件工具栏

⊡ Source(电源)器件库,它包括电源(POWER_ SOURCES)、信号电压源(SIGNAL_ VOLTAGE_SOURCES)、信号电流源(SIGNAL_CURRENT_SOURCES)、受控型电压源(CONTROLLED_VOLTAGE_SOURCES)、受控型电流源(CONTROLLED_CURRENT_ SOURCES)、控制功能模块(CONTROL_FUNCTION_BLOCKS)六部分。每一部分又含有许多具体的电源器件,但这些器件的模型及符号是不能修改或重新创建的,只能通过自身的属性对话框对其相关参数进行设置。另外还应注意,在 POWER_SOURCES 中还提供了一个接地端"GROUND"和一个数字电路接地端"DGND"。如果建立的电路没有明确的接地端,还是必须放置一个接地端在电路中,可以不与电路相连。

⊞ Basic(基本)元件库,它包括基本虚拟元件(BASIC_VIRTUAL),定额虚拟元件(RATED_VIRTUAL),3D 虚拟元件(3D_VIRTUAL),电阻器组件(RPACK),开关(SWITCH),变压器(TRANSFORMER),各种元件图标(SCH_CAP_SYMS),电阻(RESISTOR),电容(CAPACITOR),电感(INDUCTOR),电位器(POTENTIONMETER)等。

⊞ Diode(二极管)库,它包括二极管虚拟元件(DIODES_VIRTUAL),二极管(DIODE),发光二极管(LED)等元件箱。虽然仅有一个虚拟元件箱,但该元件箱存放着国外许多公司的型号产品,可直接选取。用户也可利用 Multisim 提供的元件编辑工具对现有的元件进行修改使用(修改后的元件只能存放在 USERS Database 中)。

⊡ Transfer(晶体管)库,它包括双极型 NPN 晶体管(BJT_NPN),双极型 PNP 型晶体管(BJT_PNP),三端耗尽型 NMOS 管(MOS_3TDN),三端增强型 NMOS 管 (MOS_3TEN),三端增强型 PMOS 管(MOS_3TEP),N 沟道耗尽型场效应管(JFET_N),P 沟道耗尽型场效应管(JFET_P)等元件箱。

⊞ Analog(模拟)集成电路库,它包括虚拟模拟元件(ANALOG_VIRTUAL),运算放大器(OPANP),诺顿运算放大器(OPAMP_NORTON),比较器(COMPARATOR),宽带放大器(WIDEBAND_AMPS),特殊功能(SPECIAL_FUNCTION)六类器件。

⊞ (TTL)TTL 元件库,它含有 74 系列的 TTL 数字集成逻辑器件,包括 74STD 系列(74STD),74STD 系列集成电路(74STD_IC),74S 系列(74S),74S 系列集成电路(74S_IC),74LS 系列(74LS),74LS 系列集成电路(74LS_IC),74F 系列(74F),74ALS 系列(74ALS),74AS 系列(74AS)等。

⊞ CMOS(CMOS)元件库,它包含 4×××/5V 系列 CMOS 逻辑器件(CMOS_5V)及其集成电路(CMOS_5V_IC),4×××/10V 系列 CMOS 逻辑器件(CMOS_10V)及其集成电路(CMOS_10V_IC),74HC/2V 系列低电压高速 CMOS 逻辑器件(74HC_2V),74HC/4V 系列低电压高速 CMOS 器件(74HC_4V)及其集成电路(74HC_4V_IC),74HC/6V 系列低电压高速 CMOS 逻辑器件等。

⊡ Miscellaneous Digital(其他数字)元件库,包含可编程逻辑器件(VHDL),存储器元件(MEMORY),线收发器(LINE_TRANSCEIVER)等元件。该元件库中的器件与前面 TTL 和 CMOS 数字元件库不同,不是按型号存放而是按功能存放,对初学者而言,调用起来将会方便得多。

⊡ Mixed(模数混合)元件库,包含定时器(TIMER),A/D、D/A 转换器(ADC_DAC),多谐振荡器(MULTIVIBRATORS)等元件。

⊞ Indicator(显示)器件库,包含八种可以用来显示电路仿真结果的显示器件,分别是电压表(VOLTMETER),电流表(AMMETER),探针(PROBE),蜂鸣器(BUZZER),灯(LAMP),虚拟灯(VIRTUAL_LAMP),十六进制显示器(HEX_DISPLAY)和条柱显示(BARGRAPH)。Multisim 称此类元件为交互式元件(Interactive Component),即不允许用户从模型上进行修改,只能在其属性对话框中对某些参数进行设置。

　　☺ Power Component(电源模块)元件库,包含电压参考器(VOLTAGE_REFERENCE)、电压调节器(VOLTAGE_REGULATOR)、保险丝(FUSE)、电压控制振荡器(POWERVCO)等元件。

　　▥ Miscellaneous Digital(混合项)元件库,包含多功能虚拟元件(MISC_VIRTUAL)、传感器(TRANSDUCERS)、光耦合器(OPTOCOUPLER)、晶振(CRYSTAL)、开关电源升压转换器(BUCK_CONVERTER)、开关电源降压转换器(BOOST_CONVERTER)、网络(NET)等元件。

　　▦ Advanced Peripherals(外围设备)器件库,包含键盘(KEYPADS)、液晶显示器(LCDS)、终端设备(TERMINALS)、混合外围设备(MISC_PERIPHERALS)等器件。

　　Ⴁ RF(射频)元件库,包含射频电容(RF_CAPACITOR)、射频电感(RF_INDUCTOR)、射频 NPN 型三极管(RF_BJT_NPN)、射频 PNP 型三极管(RF_BJT_PNP)、隧道二极管(TUNNEL_DIODE)等元件。

　　⊕ Electro Mechanical(机电类)器件库,包含检测开关(SENSING_SWITCHES),瞬时开关(MOMENTARE_SWITCHES)、辅助开关(SUPPLEMENTARY_CONTACTS)、同步触点(TIMED_CONTACTS)、线圈继电器(COILS_RELAYS)、线性变压器(LINE_TRANSFORMER)、保护装置(PROTECTION_DEVICES)等一些电工类器件。

　　▣ MCU(微处理器)元件库,包含 8051、8052、PIC 单片机、随机存储器(RAM)和只读存储器(ROM)。

　　▣ Place Hierarchical Block(设置层次),点击其图标即可在电路窗口中设置层次模块。

　　♫ Place Bus(放置总线),点击其图标即可在电路窗口中放置总线。

3.3.5　虚拟仪器工具栏

在实际实验过程中要使用到各种仪器,而这些仪器大部分都比较昂贵,并且存在着损坏的可能性,这些原因都给实验带来了难度。Multisim 10 仿真软件最具特色的功能之一,便是该软件中带有各种用于电路测试任务的仪器,这些仪器能够逼真地与电路原理图放置在同一个操作界面里,对实验进行各种测试。

Multisim10 的虚拟仪器库提供了包含数字万用表(Multimeter)、函数信号发生器(Function Generator)、功率计(Wattmeter)、两通道示波器(Oscilloscope)、四通道示波器(Four Channel Oscilloscope)、波特图示仪(Bode Plotter)、频率计数器(Frequency Counter)、字信号发生器(WordGenerator)、逻辑分析仪(Logic Analyzer)、IV 特性分析仪(IV-Analyzer)、失真度分析仪(Distortion Analyzer)、频谱分析仪(SpectrumAnalyzer)、网络分析仪(NetworkAnalyzer)、安捷伦信号发生器(Agilent Function Generator)、安捷伦万用表(Agilent Multimeter)、安捷伦示波器(Agilent Oscilloscope)、实时测量探针(Dynamic Measurement Probe)以及泰克示波器(Tektronix Oscilloscope)共 19 种虚拟仪器。另外,

Multisim 10 可以通过 Lab View 制作一些自定义的虚拟仪器。这些虚拟仪器与显示仪器的面板以及基本操作都非常相似,它们可用于模拟、数字、射频等电路的测试。

在调用仪器时,可用鼠标点击虚拟仪器工具栏中的图标,将仪器拖放到电路窗口中,然后将仪器图标中的连接端与相应电路的连接点相连即可。设置仪器参数时,用鼠标双击仪器图标,便会打开该仪器的面板,用鼠标点击面板中的按钮可进行操作或弹出对话框进行参数设置。

下面具体地介绍一些常用仪器的调用、设置及操作方法。

1) 数字万用表

数字万用表又称数字多用表,同实验室使用的数字万用表一样,是一种比较常用的仪器。该仪器能够完成交直流电压、交直流电流、电阻及电路中两点之间的分贝(dB)的测量。与现实万用表相比,其优势在于能够自动调整量程。

图 3.3.4(a)、(b)所示分别为数字万用表的图标和面板。图标中的＋、－ 两个端子用来与待测电路的端点相连。将它与待测电路连接时应注意:在测量电压时,应与待测的端点并联;在测量电流时,应串联在待测电路中。

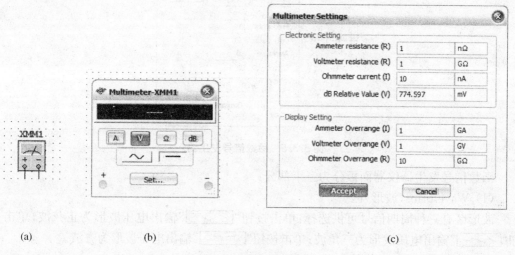

(a)　　　　　(b)　　　　　　　　　(c)

图 3.3.4　数字万用表

如图 3.3.4(b)所示,仪器面板中各个按钮分别对应的内容为:单击按钮"A",选择测量电流;单击按钮"V",选择测量电压;单击按钮"Ω",选择测量电阻;单击按钮"dB",选择测量分贝值。

另外,单击按钮"～",表示选择测量交流,其测量值为有效值,单击按钮"一",表示选择测量直流,如果使用该项来测量交流的话,那么它的测量值为交流量的平均值。

按钮"Set..."用来对数字万用表的内部参数进行设置。单击该按钮将出现如图 3.3.4(c)所示的对话框。

Electronic Setting 区的说明如下:

Ammeter resistance(R):设置电流表的内阻,该阻值的大小会影响电流的测量精度。

Voltmeter resistance(R):设置电压表的内阻,该阻值的大小会影响电压的测量精度。

Ohmmeter current(I):为欧姆表测量时流过该表的电流值。

dB Relative Value(V)：为数字万用表使用时分贝相对值。

Display Setting 区的说明如下：

Ammeter Overrange(I)：电流测量显示范围。

Voltmeter Overrange(V)：电压测量显示范围。

Ohmmeter Overrange(R)：电阻测量显示范围。

2）函数信号发生器

函数信号发生器是可以提供正弦波、三角波、方波三种不同波形的电压信号源。图 3.3.5 中分别为函数信号发生器图标和面板。

使用该仪器时应注意：① 选用＋和 Common 端子，输出信号为正极性信号；选用－ 和 Common 端子，输出信号为负极性信号；选用＋和－ 端子，输出信号为正负极性信号；选用＋、Common 和－ 端子，且把 Common 端子接地（与公共地 Ground 符号相连），则输出两个大小相等、极性相反的信号。② 表示信号的大小是采用幅值（峰值 V_P）。

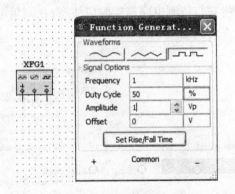

图 3.3.5　函数信号发生器

函数信号发生器仪器面板分为三个部分：

（1）Waveforms（波形）区

波形区有三种周期信号可供选择：单击按钮"⌇⌇⌇"输出电压波形为正弦波；单击按钮"⌇⌇⌇"输出电压波形为三角波；单击按钮"⌇⌇⌇"输出电压波形为方波。

（2）Signal Options（信号选择）区

信号选择区可对信号的频率、占空比、幅值大小以及偏置电压进行设置。

Freqency：频率，其选择范围在 0.001 pHz～1 000 THz。

Duty Cycle：占空比，其选择范围在 1%～99%。

Amplitude：幅值，其可选范围为 0.001 pV ～1 000 TV。

Offset：偏置电压，也就是把正弦波或三角波、方波叠加在设置的偏置电压上输出，其可选范围为－999 kV～999 kV。

（3）Set Rise / Fall Time（方波信号上升、下降时间）设置按钮

按钮"Set Rise/Fall Time"用来设置方波信号的上升和下降时间，该按钮只在产生方波时有效。单击该按钮后，出现如图 3.3.6 所示对话框。

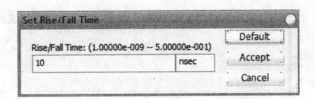

图 3.3.6　设置信号的上升和下降时间

对话框的时间设置单位下拉列表共有三个单位可选：nSec、Sec、mSec，在左边的格内输入数值后单击"　Accept　"按钮，便完成了设置；单击"　Default　"按钮，则恢复默认设置；若取消设置，则单击"　Cancel　"按钮。

3）功率表

功率表（瓦特表）的图标和面板如图 3.3.7 所示。它既可以用于交流电路也可以用于直流电路。

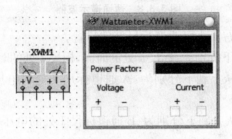

图 3.3.7　功率表

从图标中可以看出，功率表共有四个端子与待测器件相连接。左边"V"标记的两个端子与待测器件并联；右边"I"标记的两个端子与待测器件串联。

从该仪器面板中可看到，该表除了可以测量功率外，还可以测量功率因数（Power Factor）。

4）两通道示波器

示波器是电子实验中使用最为频繁的仪器之一。它可以用来显示电信号的波形、测量幅值、周期等参数。

两通道示波器（双踪示波器）的图标和面板如图 3.3.8 所示，该仪器的图标上共有 6 个端子，分别为 A 通道的正、负端，B 通道的正、负端和外触发的正、负端（正端即为信号端，负端即为接地端）。

连接时要注意它与实际仪器的不同：

首先，A、B 两个通道只需正端分别用一根导线与被测点相连接，而负端可不接，即可显示被测点与地之间的电压波形。

其次，若需测量两点间的信号波形，则只需将 A 或 B 通道的正、负端与该两点相连即可。

两通道示波器的面板分为六个部分：

（1）波形显示区。面板上部一个比较大的长方形区域为屏幕，即波形显示区。

（2）测量结果显示区。波形显示区下面是测量结果显示区。

单击"T1 ←→"中的左右箭头可改变标尺 1 的位置。

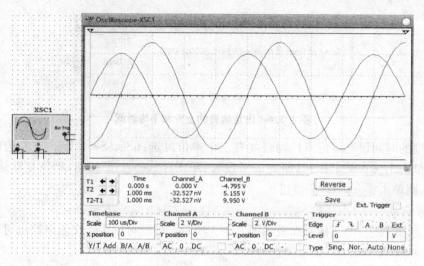

图 3.3.8　两通道示波器

单击"T2 ← →"中的左右箭头可改变标尺 2 的位置。

Time 项的数值从上到下分别为:标尺 1 处的时间,标尺 2 处的时间,两标尺之间的时间差。

Channel_A 项的数值从上到下分别为:A 通道标尺 1 处的电压值,标尺 2 处的电压值,两标尺间的电压差。

Channel_B 项的数值从上到下分别为:B 通道标尺 1 处的电压值,标尺 2 处的电压值,两标尺间的电压差。

Reverse :改变显示区的背景颜色(白和黑之间转换)。

Save :以 ASCII 文件形式保存扫描数据。

(3) Timebase 区

Scale:设置 X 轴方向每一格代表的时间(即扫描时基因数)。单击该栏后,出现上下翻转的列表,可根据实际需要选择适当的数值。

X position:设置信号波形在 X 轴方向的起始位置。

Y/T:Y 轴方向显示 A、B 通道的信号,X 轴方向是时间,即要显示随时间变化的信号波形时采用该方式。

B/A:将 A 通道信号作为 X 轴扫描信号,将 B 通道信号施加在 Y 轴上。

A/B:将 B 通道信号作为 X 轴扫描信号,将 A 通道信号施加在 Y 轴上。

Add:X 轴是时间,而 Y 轴方向显示 A、B 通道的输入信号之和。

(4) Channel A 区

Scale:设置 A 通道 Y 轴方向每格所代表的电压数值(即电压灵敏度)。单击该栏后,将出现上下翻转列表,根据需要选择适当值即可。

Y position:设置信号波形在显示区中的上下位置。当值大于零时,时间基线在屏幕中线的上方,否则在屏幕中线的下方。

AC:交流耦合方式,仅显示信号中的交流分量。

0:接地。

DC:直流耦合方式,将信号的交直流分量全部显示。

（5）Channel B 区：Scale，Y position，AC，0，DC 的意义、设置方法与 Channel A 区相同。

（6）Trigger 区

┌─┐
│⨍ ⅃│：将触发信号的上升沿或下降沿作为触发边沿。
└─┘

┌─┬─┐
│A│B│：用 A 通道或者 B 通道的输入信号作为触发信号。
└─┴─┘

┌───┐
│Ext│：用示波器图标上外触发信号端子连接的信号作为触发信号。
└───┘

Level：设置选择触发电平的大小（单位可选），其值设置范围为 -999 kV～999 kV。

Sing：单次扫描方式。

Nor：触发扫描方式。

Auto：自动扫描方式。

┌──────────┐
│Ext. Trigger│：外触发。
└──────────┘

5）波特图示仪

波特图示仪类似实验室的频率特性测试仪，可用来测量和显示电路或系统的幅频特性 $A(f)$ 与相频特性 $\varphi(f)$，其图标如图 3.3.9（a）所示。

从图中可以看到，它有四个端子，两个输入（IN）端子和两个输出（OUT）端子。在应用时，输入（IN）的＋、－分别与电路输入端的正、负端子相连接；输出（OUT）的＋、－分别与电路输出端的正、负端子相连接。其面板如图 3.3.9（b）所示。

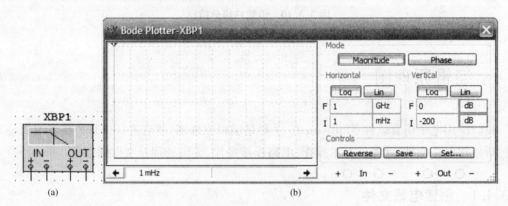

图 3.3.9　波特图示仪

波特图示仪面板分为五个部分：

（1）显示区

显示区包括波特图示仪的屏幕以及屏幕下方的数据显示区。

┌──┬──┐
│←│→│（在屏幕下方）：在仿真时用来调整标尺的位置，单击按钮可做左右调整。
└──┴──┘

（2）Mode 区

设置显示屏幕中的显示内容的类型，有 Magnitude 和 Phase 两种。

Magnitude：设置选择显示幅频特性曲线。Phase：设置选择显示相频特性曲线。

（3）Horizontal 区

设置波特图示仪显示的 X 轴显示类型和频率范围。

Log：表示坐标是对数的。Lin：表示坐标是线性的。

当测量信号的频率范围较宽时，用 Log（对数）标尺比较好，I 和 F 分别为 Initial（初始值）和 Final（最终值）的首字母。如果是了解某一频率范围内的频率特性，那么 X 轴频率范围设定得小一些。

（4）Vertical 区

设置 Y 轴的标尺刻度类型。

Log：测量幅频特性时，单击 Log 按钮后，Y 轴坐标表示 $20\mathrm{Lg}A(f)$ dB，$A(f)=U_{\mathrm{OUT}}/U_{\mathrm{IN}}$，单位为 dB(分贝)。通常都采用线性刻度。

Lin：单击该按钮后，Y 轴的刻度为线性刻度。在测量相频特性时，Y 轴坐标表示相位，单位为度，刻度是线性的。

（5）Controls 区

　Reverse　：设置背景颜色，在黑或者白之间切换。

　Save　：将测量以 BOD 格式存储。

　Set...　：设置扫描分辨率，单击该按钮，将出现如图 3.3.10 所示的对话框。

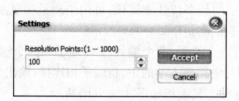

图 3.3.10　设置扫描分辨率

3.4　编辑原理图

我们使用电子仿真软件 Multisim 10 主要是编辑原理图，然后进行仿真分析。编辑原理图包括创建电路文件、元器件基本操作、电路连接操作、编辑处理及文件保存等步骤。

3.4.1　创建电路文件

运行 Multisim 10 之后，就会自动打开名为"Circuit 1"的电路图，在这个电路图的电路窗口中，没有任何元器件及连线，电路图可以根据自己的需要创建，如图 3.4.1 所示。

3.4.2　元器件基本操作

元器件基本操作包括元器件的放置、选中、移动、翻转与转向、删除、复制与粘贴、标识与参数设置等。

1）元器件的放置

现以放置 1 kΩ 电阻为例加以说明。用鼠标指向基本界面元器件工具栏中的基本(Basic)元件库的图标"⚏"，便会显示"Place Basic"(放置基本元件)，如图 3.4.2 所示。单击图标，将弹出"Select a Component"(选择一个元件)对话框，如图 3.4.3 所示。先在对话框左侧"Family"栏中选中"RESISTOR(电阻)"，然后拉动对话框中间"Component"栏下右侧滚

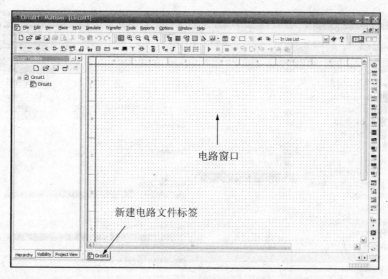

图 3.4.1　创建电路图文件

动条,可以从 1 mΩ 到 5 TΩ(注:1 T=10^{12})范围内任选所需要的电阻,在此我们选择"1 kΩ"(如果需要设计印制电路板,还需要选择元件的封装形式。这可在对话框右下角"Footprint manuf. /Type"栏下进行选择,默认项为"<no footprint>",调出的电阻为黑色;若选择封装形式,调出电阻为蓝色),最后单击对话框右上角"OK"按钮退出。

图 3.4.2　放置基本元件

　　退出后,鼠标箭头将带出一个电阻,如图 3.4.4(a)所示;在电路窗口中单击鼠标左键,即可将一个 1 kΩ 电阻放置在电路窗口中,同时再次弹出图 3.4.3 对话框可供重新选择电阻。如果我们已按前面所介绍过的,将放置元件方式设置为"Continuous placement(ESC to quit)"项,那么移开鼠标箭头,仍然可以连续在电路窗口中单击鼠标左键放置多个电阻,如图 3.4.4(b)所示,已经在电路窗口中放置了三个电阻;不需要放置时单击鼠标右键,即可退出放置电阻操作。

　　2) 选中元器件

　　对元器件进行旋转、删除、设置参数等操作,均需先选中元器件。

　　选中元器件的方法有:

　　(1) 用鼠标左键单击元器件。

　　(2) 按住鼠标左键画出矩形框。

　　(3) 将鼠标指向元器件,单击鼠标右键。

　　凡选中的元器件,周围将出现蓝色虚线框,如图 3.4.5 所示,此时元器件处于"激活"状态。

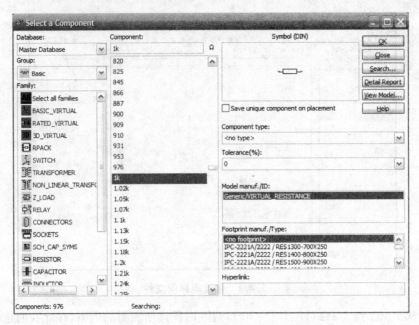

图 3.4.3　"Select a Component"对话框

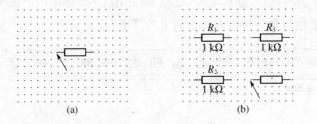

图 3.4.4　放置电阻示意图

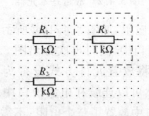

图 3.4.5　电阻 R_3 被选中

3) 移动元器件

当元器件被选中以后,按住鼠标左键拖动,即可移动元器件。

4) 删除元器件

选中元器件,将其删除方法有:

(1) 单击系统工具栏剪切按钮,或按住"Ctrl+X",或按一下键盘上的"Delete"键。

(2) 右击元器件,在弹出的对话框中选择"Cut"或"Delete"项,如图 3.4.6 所示。

5) 元器件的翻转与转向

元器件的翻转有水平翻转与垂直翻转,元器件的转向有顺时针 90°转向与逆时针 90°转

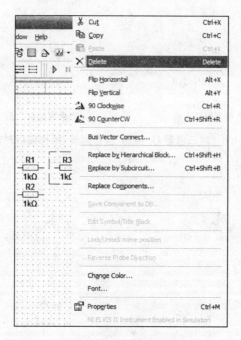

图 3.4.6　用鼠标右击元器件后弹出的对话框

向,现以三极管为例加以说明。

（1）对三极管实施水平翻转

右击三极管,弹出如图 3.4.6 所示对话框,选择"Flip Horizontal"项或使用快捷键"Alt＋X",可使三极管水平翻转。图 3.4.7 所示是三极管 Q_1 在实施水平翻转操作前后的对比图。

　　　　　　"水平翻转"前　　　　　　　　　　　　"水平翻转"后

图 3.4.7　对三极管 Q_1 实施"水平翻转"操作前后对比图

（2）对三极管实施垂直翻转

右击三极管,弹出如图 3.4.6 所示的对话框,选择"Flip Vertical"项或使用快捷键"Alt＋Y",可使三极管垂直翻转。图 3.4.8 所示是三极管 Q_1 在实施垂直翻转操作前后的对比图。

（3）对三极管实施顺时针 90°转向

右击三极管,弹出如图 3.4.6 所示的对话框,选择"90 Clockwise"项或按快捷键"Ctrl＋R",可使三极管按顺时针方向进行 90°转向。图 3.4.9(a)所示为三极管实施"90 Clockwise"操作前后的对比图。

（4）对三极管实施逆时针 90°转向

"垂直翻转"前　　　　　　　　　　"垂直翻转"后

图 3.4.8　对三极管 Q_1 实施"垂直翻转"操作前后对比图

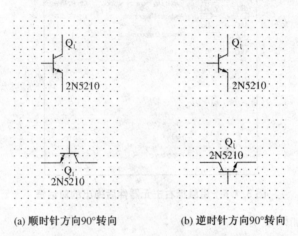

(a) 顺时针方向90°转向　　　　　　　(b) 逆时针方向90°转向

图 3.4.9　对三极管实施"转向"操作

右击三极管,弹出如图 3.4.6 所示的对话框,选择"90 CounterCW"项或按快捷键"Ctrl+Shift+R",可使三极管按逆时针方向进行 90°转向。图 3.4.9(b)所示为三极管实施"90 CounterCW"操作前后的对比图。

6) 元器件复制与粘贴

右击该元器件(这里以电阻 R_1 为例),弹出如图 3.4.6 所示的对话框,选择"Copy"项后,此时该元器件被选中处于"激活"状态,元件四周出现虚线框;再次右击该元件,在弹出的对话框中,选择"Paste"项,则这时鼠标箭头即带出一个被复制的元件,如图3.4.10 中所示,再在电路窗口中单击鼠标左键即可放置元件,并自动生成序号 R_2。或用鼠标左击该元件直接按快捷键"Ctrl+C"即复制了该元件,然后按快捷键"Ctrl+V"即粘贴操作,这时用鼠标点击要放置的位置即放置了元件,并自动生成序号 R_2。

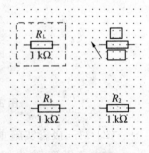

图 3.4.10　复制元件

7) 标识与参数设置

元器件标识与参数的设置方法有:

(1) 选中元器件,在 Edit(编辑)菜单中选择 Properties(属性)项或按住"Ctrl+M",将弹出属性对话框,然后对元器件标识与参数进行设置;也可以右击元器件,在弹出的对话框中选择 Properties(属性)项,弹出属性对话框,然后在对话框中对元器件标识与参数进行设置。

(2) 双击元器件,弹出属性对话框,对元器件标识与参数进行设置。

3.4.3　电路连接操作

首先在电子仿真软件 Multisim 10 基本界面的电路窗口中,为了连线方便,单击主菜单"View/Show Grid",在电路窗口中显示出网格点,然后调出几个元件:500 Ω 电阻一只,40 mH电感一只,100 nF 电容一只,函数信号发生器以及放置一地线。放置完所有元器件后,对其进行电路连接。

电路连接在 Multisim 10 中一般有两种情形:

(1) 两元器件之间的连接

只要将鼠标指针移向所要连接的元件引脚一端,鼠标指针自动变为一个小红点,左击并拖动指针至另一元件的引脚,在此出现一个小红点时单击鼠标左键,系统即自动连接这两个引脚之间的连线,如图 3.4.11 所示。

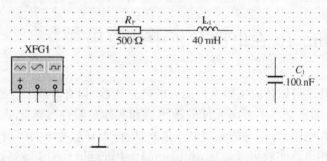

图 3.4.11　两元件之间的连接

(2) 元器件与某一线路的中间连接

从元器件引脚开始,鼠标指针指向该引脚并左击,然后拖向所要连接的线路上再单击鼠标左键,系统不但自动连接这两个点,同时在所连接线路的连接处自动放置一个连接点,如图 3.4.12 所示。

除此之外,对于两条线交叉而过的情况,不会产生连接点,即两条交叉线不相连接。如果要让交叉线相连接,可在交叉点上放置一个连接点。操作方法是:启动"Place"(放置)菜单中的"Junction"(连接点)命令或按快捷键"Ctrl+J"即调出连接点,单击所要放置连接点的位置,即可在该位置放置一个连接点,两条连接线就会连接。为了检查是否可靠连接,可稍微移动元件看元件和连接线是否脱开。

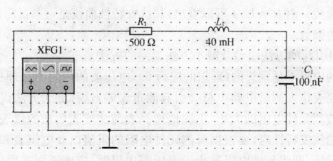

图 3.4.12　元器件与某一线路中间的连接

若要删除连错的导线,可用鼠标右击该连线,在出现的下拉菜单中选择"Delete",即可将其删除;或用鼠标左键单击该连错的线,导线上将产生一些蓝图小块,按下键盘上的"Delete"键也可将其删除。

3.4.4　编辑处理及文件保存

为了使电路窗口中已编辑的电路图更整洁、更便于仿真分析,通常要对电路图进行编辑处理,它包括修改元器件的参考序号、调整元器件和文字标注的位置、显示电路的节点号、修改连线的颜色等,其具体操作方法在前面的章节中都已介绍,这里不再赘述。

在对电路图编辑处理之后,便要将其命名、保存。对编辑的文件,系统自动命名为 Circuit 1,保存类型自动默认为 Multism 10 Files(* . ms10),并保存在默认路径下。用户如果需要修改,其方法与 Windows 操作相同。

3.5　Multisim 10 在电路分析中的应用

Multisim 10 几乎可以仿真实验室内所有的电路实验,但有时需要注意,Multisim 10 中所进行的电路实验通常是在不考虑元件的额定值和实验危险性等情况下进行的,所以在确定某些电路参数(如电阻、灯泡等的额定电压值)时应该很好地考虑实际情况。同时,它也带来一些好处,如三相电路实验可以先在 Multisim 10 中进行仿真实验,然后再实际操作。

3.5.1　电阻元件伏安特性的仿真分析

1) 实验目的

(1) 通过仿真实验进一步加深对电阻元件伏安特性的理解。

(2) 初步掌握用 Multisim 10 仿真软件建立电路,分析电路的方法。

2) 实验原理

(1) 元件的伏安特性

元件的伏安特性是表示该元件两端电压 U 和流过元件的电流 I 之间的函数关系,即 $I = f(U)$。那么对电阻来说,流过电阻的电流作为 Y 轴,电阻两端的电压作为 X 轴,画出电阻的伏安特性曲线。由 $R = U/I$ 可以看出,其伏安特性曲线是一条过零的直线,阻值就等于这条曲线斜率的倒数。

(2) 仪表内阻引起的方法误差及减小方法误差的方法

由于电流表的内阻不是理想的(理想的应为 0),电压表的内阻不是理想的(理想的应为无穷大),因此当仪表接入测量电路中总会引起测量误差,这称之为方法误差。减小方法误差的方法是根据被测元件电阻的大小,正确地选择表前法或表后法的仪表连接形式。所以我们在测量电阻的伏安特性时,要根据所测元件电阻的阻值以及电压表和电流表的内阻选择用表前法或表后法,即当元件电阻远小于电压表内阻时,应该选用表后法;当元件电阻远大于电流表内阻时,应该选用表前法。

3) 仿真分析举例

现以图 3.5.1 所示电路为例,用伏安法测量线性电阻的阻值(图 3.5.1 电路电压表连接在 1 处为表前法连接方式,电压表连接在 2 处为表后法连接方式)进行仿真分析。

图 3.5.1 所示电路的参数为:电压源电压为 10 V,电位器为 100 Ω,电阻为 20 Ω;用仿真软件组建仿真电路,采用表后法测量电路中流过电阻的电流和电阻两端的电压,然后用伏安法计算出电阻值。

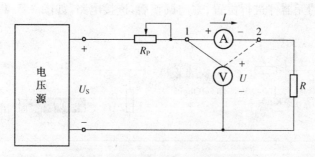

图 3.5.1　线性电阻伏安特性测量电路

(1) 新建一个电路窗口,用鼠标单击电子仿真软件 Multisim 10 基本界面元器件工具栏中的"Source"(电源)器件库,在弹出的对话框中的"Family"栏下选取"POWER_SOURCES"(功率源),再在"Component"栏下选取"DC_POWER",最后单击对话框右上角的"OK"按钮,将电压源 V_1 调出放置在电路窗口中。双击其图标,在弹出的对话框中,选取"Value"项将其中的"Voltage(V)"即电压值改为 10 V,然后单击"OK"按钮。

(2) 用与上述(1)相同的步骤和方法,再在对话框"Component"栏下选取"GROUND",将地线符号调出放置在电路窗口中。

(3) 用鼠标单击元器件工具栏中的"Basic"(基本)元件库,在弹出对话框中的"Family"栏下选取"POTENTIOMETER"(电位器),再在"Component"栏下选取"100 Ω"的电位器,单击对话框中的"OK"按钮,将其放置在电路窗口中。然后用鼠标右击其图标,在弹出的对话框中选择"90 Clockwise",即使电位器顺时针转向 90°。调出的电位器显示的百分比是 50%,将鼠标箭头移向电位器,将出现调整电位器阻值滑动条,用鼠标左键按住滑动条上的滑块左右移动,电位器的百分比可在 0% 与 100% 之间变化,这里应注意的是,此百分比是电位器活动端与箭头所偏向的固定端之间电阻所占的百分比,例如图 3.5.2 所显示的百分比就是电位器被短路部分;图 3.5.3 所显示的百分比就是电位器未被短路部分(即在电路中的电阻)。

(4) 用同上述(3)的方法,调出一个阻值为 20 Ω 的电阻,将其顺时针转向 90° 放置在电路窗口中。

图 3.5.2　电位器　　　　　　　　**图 3.5.3　电位器**

（5）再用鼠标单击元器件工具栏中的"Indicator"（显示）器件库，在弹出的对话框中的"Family"栏下选取"AMMETER"（电流表），再在"Component"栏下选取"AMMETER_H"，将横向电流表调出放置在电路窗口中。然后双击电流表的图标，在弹出的对话框中，选取"Value"项，将"Resistance(R)"（即内阻）的值改为 1 Ω，然后单击"OK"按钮。用相同的方法调出一个"VOLTMETER_V"竖向电压表放置在电路窗口中，将其内阻改为 10 kΩ。

（6）将所调出的元器件进行位置、方向调整后，连接电路，如图 3.5.4 所示。

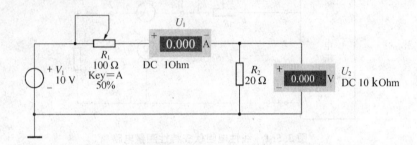

图 3.5.4   线性电阻伏安特性表后法测量电路

（7）开启仿真开关，稍等片刻，可以看到电路的仿真结果，如图 3.5.5 所示。图 3.5.5 的接法属于表后法，其测量结果为：流过电阻 R_2 的电流为 0.141 A，加在电阻 R_2 两端的电压为 2.813 V。根据伏安法计算出电阻值：

$$R_2 = \frac{U}{I} = \frac{2.813}{0.141} = 19.95 \ \Omega$$

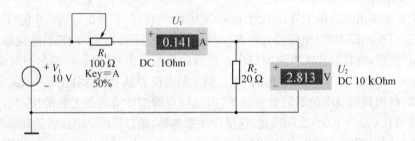

图 3.5.5   表后法仿真结果

4）实验内容

测试线性电阻 $R = 1$ kΩ 的伏安特性

实验电路如图 3.5.1 所示，电路中接入的电位器 $R_P = 1$ kΩ，电阻 $R = 1$ kΩ。用仿真软件建立仿真电路，分析电阻 R 的伏安特性。在仿真电路中使用的指示型电流表的内阻设定为 1 Ω，指示型电压表的内阻设定为 10 kΩ。

建立好仿真电路后，开启仿真开关，根据表 3.5.1 中的数据调节 R_P 进行仿真分析，将仿真结果填入表 3.5.1 中。然后再根据仿真结果，画出电阻 R 的伏安特性曲线 $I = f(U)$。

表 3.5.1

电位器 R_P（被短路部分的）百分比		20%	40%	50%	60%	80%
表后法	电流 I（A）					
	电压 U（V）					
	$R = \dfrac{U}{I}$（Ω）					
	$\bar{R}$（平均值）（Ω）					
表前法	电流 I（A）					
	电压 U（V）					
	$R = \dfrac{U}{I}$（Ω）					
	$\bar{R}$（平均值）（Ω）					

3.5.2 基尔霍夫定律虚拟仿真

1）实验目的

（1）初步了解 Multisim 10 仿真分析软件的使用。

（2）进一步加深对基尔霍夫定律的理解。

（3）了解、掌握 Multisim 10 中指示仪表与实时测量探针的使用。

2）实验原理

基尔霍夫定律是电路的基本定律，它包括基尔霍夫电压定律（KVL）和基尔霍夫电流定律（KCL）。

（1）基尔霍夫电流定律（KCL）：任意时刻，流进和流出电路中某一节点的电流的代数和等于零，即 $\sum I = 0$。

（2）基尔霍夫电压定律（KVL）：任意时刻，沿回路绕行一周回路中各电压降之和等于零，即 $\sum U = 0$。

3）仿真分析举例

现以图 3.5.6 所示电路为例，对基尔霍夫定律进行仿真分析，说明如下：

（1）新建一电路窗口，用鼠标单击电子仿真软件 Multisim 10 基本界面元器件工具栏中的"Source"（电源）器件库，在弹出的对话框中的"Family"栏下选取"POWER_SOURCES"（功率源），再在"Component"栏下选取"DC_POWER"，最后单击对话框右上角的"OK"按钮，将电压源 V_1 调出放置在电路窗口中。双击其图标，在弹出的对话框中，选取"Value"项，将其中的"Voltage(V)"即电压值改为 15 V，然后单击"OK"按钮。

（2）用与上述（1）相同的步骤和方法，再在对话框"Component"栏下选取"GROUND"，将地线符号调出放置在电路窗口中。

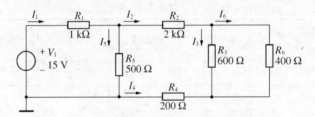

图 3.5.6　基尔霍夫定律电路

（3）用鼠标单击元器件工具栏中的"Basic"（基本）元件库，在弹出对话框中的"Family"栏下选取"RESISTOR"（电阻），调出六只电阻将其放置在电路窗口中。并修改其电阻值分别为 2 kΩ、1 kΩ、600 Ω、200 Ω、500 Ω、400 Ω。

（4）再用鼠标单击元器件工具栏中的"Indicator"（显示）器件库，在弹出的对话框中的"Family"栏下选取"AMMETER"（电流表），再在"Component"栏下选取"AMMETER_H"，将其调出放置在电路窗口中。用相同的方法再放置五个指示型电流表在电路窗口中，或使用快捷键复制、粘贴一个放置在电路窗口中。

（5）将所调出的元器件的位置、方向进行适当的调整后，连接电路，如图 3.5.7 所示。

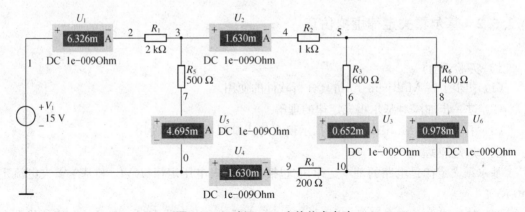

图 3.5.7　验证 KCL 定律仿真电路

（6）连接好电路后，因为要验证电路的 KCL 定律，就要用到节点。单击电子仿真软件主菜单"Options/Sheet Properties"，在弹出的对话框的"Circuit"选项"Net Names"中，单选"Show All"，使电路显示节点编号，然后单击"OK"按钮退出。

（7）开启仿真开关，各电流表显示测量结果如图 3.5.7 所示。下面对图 3.5.7 中节点"3"、"5"和"10"，验证是否符合 KCL 定律。

节点"3"：$\sum I = I_1 - I_2 - I_5 = 6.326 - 1.630 - 4.695 = 0.001 \text{ mA} \approx 0 \text{ mA}$

节点"5"：$\sum I = I_2 - I_3 - I_6 = 1.630 - 0.652 - 0.978 = 0 \text{ mA}$

节点"10"：$\sum I = I_3 + I_6 + I_4 = 0.652 + 0.978 + (-1.630) = 0 \text{ mA}$

由验证结果可以得出：流进和流出电路中某一节点的电流的代数和等于零，即 $\sum I = 0$，也就证明基尔霍夫电流定律（KCL）成立。

（8）还是图 3.5.7 所示电路，开启仿真开关，用鼠标点击电子仿真软件虚拟仪器工具栏

中的黄色"实时测量探针"按钮,然后将其箭头指向节点"3",这时测量出的实时数据"V:
2.35 V",表明节点"3"的对地电位是 2.35 V,如图 3.5.8 所示。然后用"实时测量探针"分别
测量出节点"0"、"5"、"10"的对地电位,它们分别是 0 V、0.717 V、0.326 V(测量完数据后停
止仿真)。下面验证回路 0 - 3 - 5 - 10 - 0 是否满足 KVL 定律。

$$\sum U = U_{03} + U_{35} + U_{5,10} + U_{10,0} = (0-2.35) + (2.35-0.717) + (0.717-0.326) +$$
$$(0.326-0) = 0 \text{ V}。$$

由验证结果可以得出,该回路满足基尔霍夫电压定律,即 $\sum U = 0$,即证明基尔霍夫电
压定律(KVL)成立。

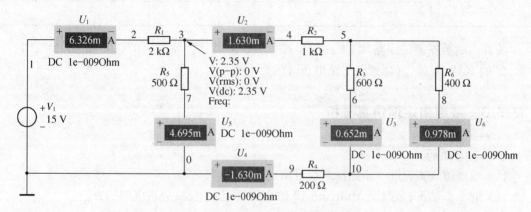

图 3.5.8　验证 KVL 定律仿真电路

4) 实验内容

实验电路如图 3.5.9 所示,按图示参数调出元器件,并连接好仿真电路。

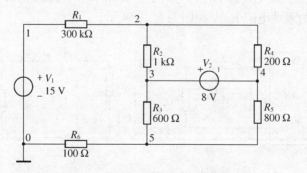

图 3.5.9　验证基尔霍夫定律电路

(1) 验证基尔霍夫电流定律(KCL)

开启仿真开关,测量各支路电流,将数据填入表 3.5.2 中。

表 3.5.2

方　式	支　路　电　流					
	I_{12}	I_{23}	I_{24}	I_{35}	I_{45}	I_{50}
仿真结果						

按仿真结果验证节点"2"、"3"、"4"、"5"的 KCL 定律。(注意电流的参考方向)

(2) 验证基尔霍夫电压定律(KVL)

开启仿真开关,用"实时测量探针"测量各节点的对地电位,用电压表测量各电阻压降,将数据填入表 3.5.3 中。

表 3.5.3

各节点电位 (V)	U_0	U_1	U_2	U_3	U_4	U_5
各电阻压降 (V)	U_{12}	U_{23}	U_{24}	U_{35}	U_{45}	U_{50}

按算出的数据验证回路"0-1-2-3-5-0"、"0-1-2-4-5-0"、"3-4-5-3"、"2-4-3-2"的 KVL 定律。(注意各支路电压降的方向)

3.5.3　戴维南定理仿真分析

1) 实验目的

(1) 通过仿真实验进一步加深对戴维南定理的理解。

(2) 进一步熟悉、掌握用 Multisim 10 仿真软件建立电路、分析电路的方法。

2) 实验原理

(1) 戴维南定理

对外部电路来说,任何复杂的线性有源二端网络都可以用一个电压源 U_S 和一个电阻 R_S 的串联电路来等效。此电压源的电压 U_S 等于二端网络的开路电压 U_{ABO},而电阻 R_S 等于该二端网络除源后的入端电阻 R_{AB},如图 3.5.10 所示。

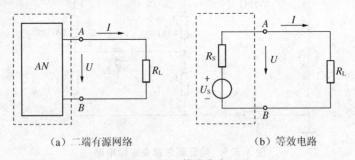

(a) 二端有源网络　　　　　　　　(b) 等效电路

图 3.5.10　戴维南定理

(2) 等效电路参数的测量方法

① 开路电压的测量,即是去除外电路负载,直接用电压表测量两个端点的电压。

② 入端电阻的测量有三种方法:一是将二端网络除源后,直接用欧姆表测量两端点间的电阻;二是开路短路法;三是半偏法。

3) 仿真分析举例

现以图 3.5.11 所示电路为例,对戴维南定理进行仿真分析,说明如下:

(1) 调出元器件,连接仿真电路

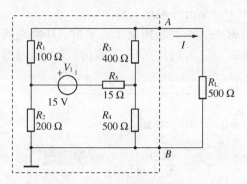

图 3.5.11 戴维南定理电路

其步骤及方法参照基尔霍夫定律的仿真分析实例，将调出的元器件进行适当的调整后连接线路，如图 3.5.12 所示。

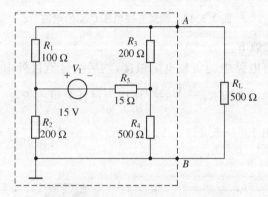

图 3.5.12 戴维南定理仿真电路

（2）检查电路，进行仿真分析

① 测量原有源二端网络带负载时的外部特性

如图 3.5.13 所示在电路中串入一只电流表，和在负载 R_L 两端并联一只电压表。然后开启仿真开关，测出流过负载 R_L 的电流 I_L 是 1.692 mA，以及 R_L 两端的电压 U_L 是 0.846 V。（在每次仿真结束后，都要停止仿真）。

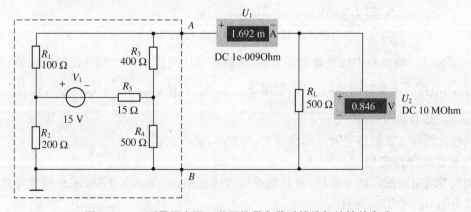

图 3.5.13 测量原有源二端网络带负载时的外部特性的电路

② 测量等效电路参数 U_S(即开路电压 U_{ABO})

将电路中的负载电阻 R_L 去除,直接用电压表测量 AB 两端的电压,如图 3.5.14 所示,所测的电压即是开路电压 U_{ABO}。开启仿真开关,测出 $U_{ABO}=1.223$ V。

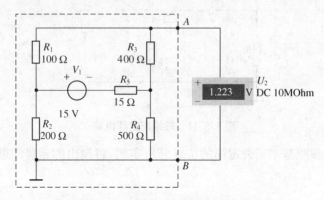

图 3.5.14 测量开路电压 U_{ABO} 的电路

③ 测量等效电路参数 R_S

a. 开路短路法。将电路中的负载电阻短接,然后测量流过外电路的电流,即是短路电流 I_{SC},如图 3.5.15 所示。又因 $R_S = \dfrac{U_{ABO}}{I_{SC}}$,所以通过计算可得 R_S。

开启仿真开关,测出 $I_{SC} = 5.484$ mA,那么 $R_S = \dfrac{1.223}{5.484 \times 10^{-3}} \approx 223 \ \Omega$。

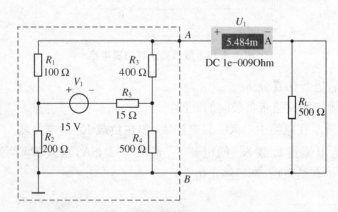

图 3.5.15 测量短路电流 I_{SC} 的电路

b. 半偏法。将电路中的负载电阻去除,然后在 AB 间接入一个 500 Ω 的电位器。调节电位器,用电压表测量其两端的电压,如图 3.5.16 所示,使 $U_{AB} = \dfrac{1}{2}U_{ABO}$,即可得 $R_S = 500 \times 45\% = 225 \ \Omega$。

比较这两种方法测得等效电路参数 R_S 的数值,基本相同。

④ 验证戴维南定理

调出等效电路所需的元器件,将其调整后连接线路,如图 3.5.17 所示。测量等效电路带负载电阻 R_L 时的外部特性。

开启仿真开关,可以测出流过负载 R_L 的电流 I'_L 是 1.692 mA,以及 R_L 两端的电压U'_L

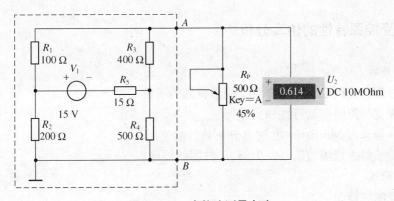

图 3.5.16　半偏法测量电路

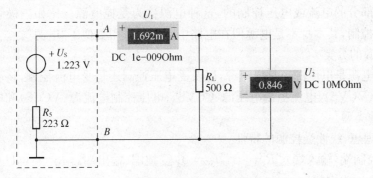

图 3.5.17　等效电路

是 0.846 V。由 $I'_L \approx I_L$ 与 $U'_L = U_L$，可以证明戴维南定理成立。

4）实验内容

实验电路如图 3.5.18 所示，按图示参数调出各个元器件，并连接好仿真电路。

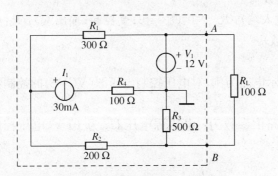

图 3.5.18　验证戴维南定理电路

（1）测量有源二端网络带负载时的外部特性。

（2）测量戴维南等效电路参数 U_S 和 R_S。

（3）画出戴维南定理的等效电路图，并用仿真软件连接仿真电路，验证戴维南定理。

3.5.4　受控源特性的仿真分析

1）实验目的

（1）通过仿真分析进一步加深对受控源特性的了解。

（2）掌握受控源的控制特性和负载特性。

（3）进一步掌握 Multisim 10 仿真分析软件的使用。

（4）初步了解虚拟函数信号发生器、示波器的使用。

2）实验原理

（1）受控源的概念

在电子电路中,我们常会遇到这样一种类型的电源:电压源的电压和电流源的电流,是受电路中其他部分的电流或电压控制的,这种电源称为受控电源。比如三极管的集电极电流受基极电流控制,其本身不是电源但在电路中起到的作用类似于"电源"。

（2）受控源的分类

根据受控电源是电压源还是电流源,以及受电压控制还是受电流控制,将受控源分为电压控制电压源（VCVS）、电流控制电压源（CCVS）、电压控制电流源（VCCS）和电流控制电流源（CCCS）四种类型。

（3）四种理想、线性受控源的特性

VCVS:控制端（输入端）:$R_{\mathrm{I}} = \infty, I_{\mathrm{I}} = 0$;受控端（输出端）:$R_{\mathrm{O}} = 0, U_{\mathrm{O}} = C(C$ 为常数）。$U_{\mathrm{O}} = \mu U_{\mathrm{I}}(\mu$ 为常数)。

CCVS:控制端（输入端）:$R_{\mathrm{I}} = 0, U_{\mathrm{I}} = 0$;受控端（输出端）:$R_{\mathrm{O}} = 0, U_{\mathrm{O}} = C(C$ 为常数）。$U_{\mathrm{O}} = \gamma I_{\mathrm{I}}$（$\gamma$ 为常数)。

VCCS:控制端（输入端）:$R_{\mathrm{I}} = \infty, I_{\mathrm{I}} = 0$;受控端（输出端）:$R_{\mathrm{O}} = \infty, I_{\mathrm{O}} = C(C$ 为常数）。$I_{\mathrm{O}} = g U_{\mathrm{I}}(g$ 为常数)。

CCCS:控制端（输入端）:$R_{\mathrm{I}} = 0, U_{\mathrm{I}} = 0$;受控端（输出端）:$R_{\mathrm{O}} = \infty, I_{\mathrm{O}} = C(C$ 为常数）。$I_{\mathrm{O}} = \beta I_{\mathrm{I}}(\beta$ 为常数)。

3）仿真分析举例

现以图 3.5.19 所示电路为例,对电压控制电压源（VCVS）的控制特性进行仿真分析,说明如下。

图 3.5.19 所示电路中参数为:电压源电压 U_1 为 10 V,电压控制电压源的电压增益 $\mu = 2$,电阻 R 为 1 kΩ。

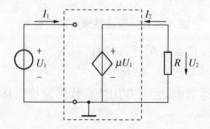

图 3.5.19　电压控制电压源（VCVS）电路

（1）新建一电路窗口,用鼠标单击电子仿真软件 Multisim 10 基本界面元器件工具栏中的"Source"（电源）器件库,在弹出的对话框中的"Family"栏下选取"CONTROLLED_VOLTAGE_SOURCE"（受控电压源）,再在"Component"栏下选取"VOLTAGE_CON-TROLLED_VOLTAGE_SOURCE（电压控制电压源）",最后单击对话框右上角的"OK"按钮,将电压控制电压源 V_1 调出放置在电路窗口中。双击电压控制电压源的图标,弹出其属性对话框,在"Value"项中对"Voltage Gain(E)"（即电压增益）项进行相应设置,将电压增益改为 2（即 $\mu = 2$）,然后单击"OK"按钮。

（2）调出其他元器件:直流电压源 10 V,电阻 1 kΩ,电流表两只以及电压表一只。

（3）对元器件位置、方向进行适当调整后,连接仿真电路,如图 3.5.20 所示。

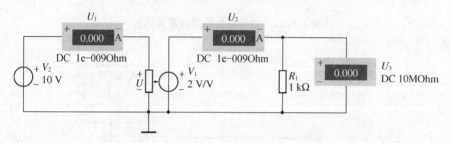

图 3.5.20　电压控制电压源仿真电路

（4）开启仿真开关,稍等片刻,这时可以看到电路的仿真结果:加在电阻 R_1 两端的电压为 20 V,如图 3.5.21 所示,可得 $\mu = \dfrac{20}{10} = 2$。

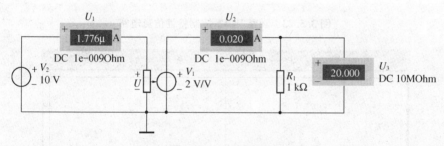

图 3.5.21　仿真结果

（5）停止仿真,用鼠标点击电路窗口中虚拟仪器工具栏,调出函数信号发生器,将其放置在电路窗口中。双击其图标,在弹出的面板中,先选择"正弦波"信号;然后将其频率栏设置成"1 kHz";最后将其幅值栏设置成"10 VP",如图 3.5.22 所示。都设置好后关闭函数信号发生器面板。

（6）在仪器工具栏中调出两通道示波器,将其放置在电路窗口中。

（7）将电路窗口中的元器件位置、方向进行适当的调整后,重新连接电路,如图 3.5.23 所示。

（8）开启仿真开关,双击示波器图标"XSC1",将弹出示波器面板,如图 3.5.24 所示。把示波器的两通道电压灵敏度都改为: $10 \dfrac{\text{V}}{\text{div}}$;然后选择 B/A 方式（即实际示波器的"X-Y"方式）。这时看到的图形即是 VCVS 的控制特性曲线图。

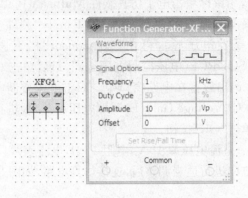

图 3.5.22　信号发生器图标及其面板

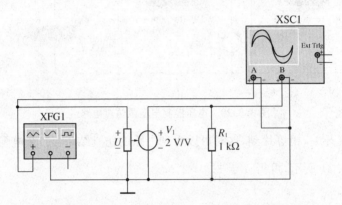

图 3.5.23　观察 VCVS 控制特性仿真电路

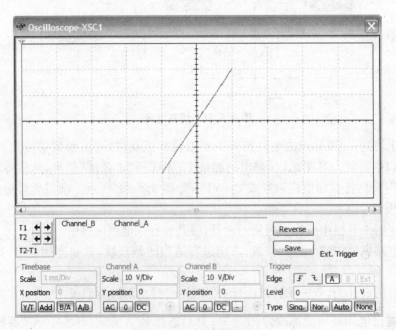

图 3.5.24　示波器面板

4）实验内容

用仿真软件仿真分析电流控制电流源（CCCS）的特性，仿真分析电路如图 3.5.25 所示，I_1 为可调电流源。

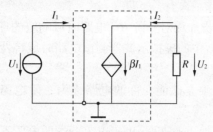

图 3.5.25　CCCS 特性的测量

（1）测量 CCCS 的控制特性 $I_2 = f(I_1)\big|_{R=常数}$

在 $R = 1\text{k}\Omega$ 的条件下，调节电流源 I_1 的值，在不同的 I_1 下，测量 U_1、I_2、U_2 的数值，将仿真结果记录在表 3.5.4 中，并计算出 $\beta = \dfrac{I_2}{I_1}$ 的数值。

表 3.5.4

I_1 (mA)	4	3	2	1	0	−1	−2	−3	−4
U_1 (V)									
I_2 (mA)									
U_2 (V)									
$\beta = I_2/I_1$									

① 根据仿真分析结果，画出控制特性曲线 $I_2 = f(I_1)\big|_{R=1\,\text{k}\Omega}$。

② 用仿真软件仿真其控制特性曲线。

（2）测量 CCCS 的输出特性（伏安特性）$U_2 = f(I_2)\big|_{I_1=常数}$

保证 $I_1 = 2\,\text{mA}$ 不变，改变电阻 R 的数值，在不同的数值 R 下，测量 U_2、I_2 的数值，将仿真结果填入表 3.5.5 中。

表 3.5.5

R (kΩ)	1	0.8	0.6	0.5	0.4	0.2	0.1
U_2 (V)							
I_2 (mA)							

根据仿真结果，画出 CCCS 的输出特性曲线 $U_2 = f(I_2)\big|_{I_1=2\,\text{mA}}$。

3.5.5　一阶 *RC* 电路时域响应仿真分析

1）实验目的

（1）通过仿真实验进一步加深对一阶 *RC* 电路时域响应的理解。

（2）掌握用 Multisim 10 中的虚拟示波器测试电路时域特性与参数的方法。

2）实验原理

我们把电路中只有一个独立储能元件的电路称为一阶电路。在 *RC* 电路中,电容元件是一个储能元件。

当加在电容两端的电压发生改变时,由于电容两端的电压不能发生突变,电路从原稳态到建立一个新的稳态需要一个过程,这个过程是随时间按指数规律变化的,变化的快慢由时间常数 τ 决定。根据电路储能及激励情况,响应可以分为零输入响应、零状态响应和全响应。由叠加原理:

$$全响应 = 零输入响应 + 零状态响应$$

零状态响应是电路的初始状态(储能)为零,由外加激励而产生的响应,电容电压为:

$$u_C(t) = U_S(1 - e^{-\frac{t}{\tau}})$$

式中,U_S 为电容达到稳态时的电压,$\tau = RC$,该式描述的也就是电容的充电过程。

零输入响应是电路的输入为零,由电路的初始状态(储能)产生的响应,电容电压为:

$$u_C(t) = u_C(0_+)e^{-\frac{t}{\tau}} = U_S e^{-\frac{t}{\tau}}$$

式中,U_S 为电容初始状态时的电压,$\tau = RC$,该式描述的也就是电容的放电过程。

3）仿真分析举例

以图 3.5.26 所示电路为例,对一阶 *RC* 电路进行仿真分析,说明如下:

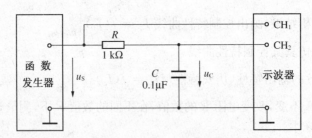

图 3.5.26　一阶 *RC* 电路

（1）在电子仿真软件 Multisim 10 基本界面的电路窗口中的虚拟仪器工具栏中调出一虚拟函数信号发生器,将其放置在电路窗口中。双击其图标,在弹出的面板中,先选择"方波"信号,然后将其频率设置成"1 kHz",其幅值设置成"1 VP",以及直流偏移值设置为 1 V,如图 3.5.27 所示,全部设置好后关闭函数信号发生器面板。

（2）在电路窗口中调出并放置一只 1 kΩ 的电阻,一只 100 nF(即为 0.1 μF)的电容以及地线。再在虚拟仪器工具栏中调出双踪示波器,将其放置在电路窗口中。

（3）将以上所调出的元器件进行调整并连接成仿真电路,如图 3.5.28 所示。

（4）开启仿真开关,双击虚拟示波器图标"XSC1",将弹出示波器的面板,如图 3.5.29 所示,将工作方式、耦合方式、电压灵敏度、扫描时基因数等参照图中进行设置。这时可以看到

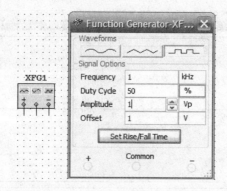

图 3.5.27 信号发生器图标及其面板

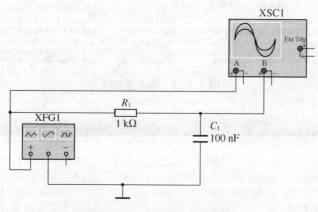

图 3.5.28 一阶 RC 仿真电路

一阶 RC 电路电容充电、放电电压波形。

(5) 对应方波信号的上升沿,电容初始状态(储能)为零,由方波信号激励,电容按指数规律 $u_C(t) = U_S(1 - e^{-\frac{t}{\tau}})$ 充电。式中 U_S 为电容达到稳态时的电压,由图 3.5.30 中可以得出 $U_S = 2\,V$;再由公式可知,当 $t = \tau$ 时 $u_C(\tau) = U_S(1 - e^{-1}) = U_S \times (1 - 0.368) = 0.632U_S$,即得出 $u_C(\tau) = 1.264\,V$。将示波器屏幕上标尺 T_1、T_2 分别移至 $u_C(t) = 0$、$u_C(t) = 1.264\,V$ 处,则从屏幕下方"$T_2 - T_1$"栏可以得到数据:$\tau = 102\,\mu s$。这与理论计算结果 $\tau = RC = 1 \times 10^3 \times 100 \times 10^{-9} = 100\,\mu s$ 基本相符。

4) 实验内容

(1) 用仿真软件测试 RC 电路的时间常数 τ

实验电路如图 3.5.31 所示。

函数信号发生器提供方波信号,其峰值 $U_P = 1\,V$,电阻 $R = 2\,k\Omega$,电容 $C = 100\,nF$,按测量 τ 的条件 $T = 10\tau = 10RC$ 确定函数信号发生器所提供的频率 $f\left(f = \dfrac{1}{T}\right)$,然后测量出电容的充放电时间常数 τ,并与理论值相比较。

(2) 用仿真软件测试积分电路

实验电路同图 3.5.31 所示,函数信号发生器提供方波信号,其峰-峰值为 $U_{P\text{-}P} = 1\,V$,电

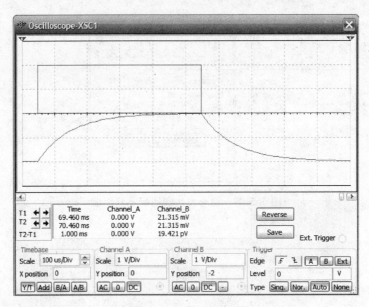

图 3.5.29　示波器面板

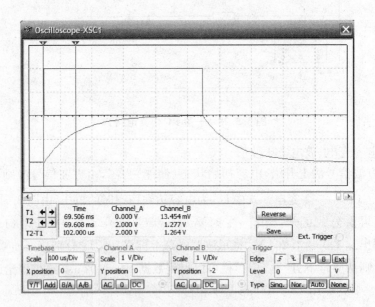

图 3.5.30　电容的充电时间常数

阻 $R = 2\,\mathrm{k}\Omega$，电容 $C = 0.1\,\mu\mathrm{F}$，按积分电路条件 $T = \dfrac{\tau}{5} = \dfrac{RC}{5}$ 自行确定频率 f。

　　用仿真软件中的虚拟示波器观察 u_S、u_C 的波形，测出 u_C 峰-峰值 ΔU_0 和 T 的数值，并与理论值比较。理论值 $\Delta U_0 = \dfrac{1}{RC}\dfrac{U_\mathrm{P\text{-}P}T}{4}$。

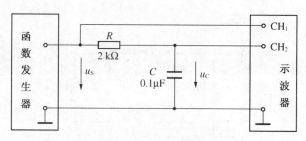

图 3.5.31　测量 RC 电路的 τ

3.5.6　串联谐振电路仿真分析

1）实验目的

（1）通过仿真实验进一步加深对串联谐振电路频率特性的理解。

（2）掌握用 Multisim 10 中的虚拟波特图示仪测试电路频率特性。

2）实验原理

谐振是正弦交流电路中可能发生的一种电路现象。谐振电路通常由电感、电阻和电容组成。当改变电路的参数 f，使 RLC 串联电路电抗等于零，即电源电压 $\dot{U}_S$ 与电流 $\dot{I}$ 同相时，称电路发生了串联谐振。这时频率称串联谐振频率，用 f_0 表示。

谐振频率：$f_0 = \dfrac{1}{2\pi\sqrt{LC}}$，或谐振角频率：$\omega_0 = \dfrac{1}{\sqrt{LC}}$。

当电路发生谐振时，由于电抗 $X = 0$，故电路呈纯阻性，激励电压全部加在电阻上，$\dfrac{U_R}{U} = 1$，电阻上的电压达到最大值。

频率特性是讨论电路中物理量随频率 f 而变化。一般来说，该物理量是个复数，它的模与频率之间的关系称为幅频特性，它的幅角与频率之间的关系称为相频特性。串联谐振电路中研究的是 $\dfrac{\dot{I}}{I_0}$ 与频率 f 之间的关系，$\dfrac{\dot{I}}{I_0} = \dfrac{I}{I_0}\angle\theta$，即研究幅频特性 $\dfrac{I}{I_0}(f)$，相频特性 $\theta(f)$。由于 $\dfrac{\dot{I}}{I_0} = \dfrac{IR}{I_0R} = \dfrac{U_R}{U}$，且注意到 $\dot{U}_R$ 和 $\dot{I}$ 同相，$\dot{U}$ 和 $\dot{I}_0$ 同相，故实验时可将对电流的测量转化为相对容易的电压的测量，即转化为研究 $\dfrac{\dot{U}_R}{\dot{U}}$ 与频率 f 之间的关系。

3）仿真分析举例

在实际的电子系统中，对谐振现象进行仿真分析比较困难，但在 Multisim 10 中，利用虚拟波特图示仪，可以很容易地测出电路在谐振时的频率特性。

例如，研究如图 3.5.32 所示电路的频率特性。

电路中参数为：$R = 200\ \Omega, C = 0.1\ \mu F, L = 30\ mH$，函数信号发生器输出为正弦波信号，其峰-峰值维持在 $3\ V$，要求测出谐振频率 f_0。

（1）调出元器件，连接仿真电路，如图 3.5.33 所示。

（2）开启仿真开关，进行仿真分析。

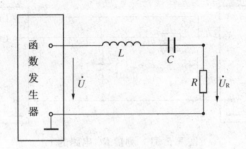

图 3.5.32　*RLC* 串联电路

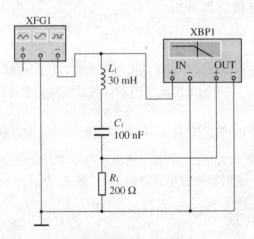

图 3.5.33　*RLC* 仿真电路

双击波特图示仪图标"XBP1",打开波特图示仪面板,如图 3.5.34 所示。

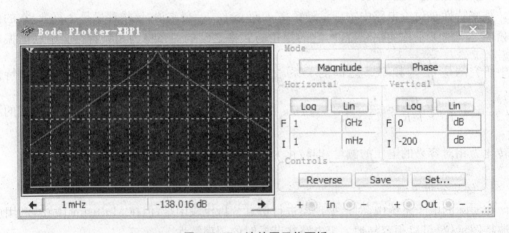

图 3.5.34　波特图示仪面板

波特图示仪面板显示屏幕背景默认为黑色,显示曲线默认为幅频特性曲线,且横坐标和纵坐标均为对数坐标,显示范围分别为 1 mHz~1 GHz,−200 dB~0 dB。

① 对波特图示仪面板进行调节。

首先单击"Reverse"键,使背景显示为白色。其次点击"Set"键,将分辨率改为 1 000。

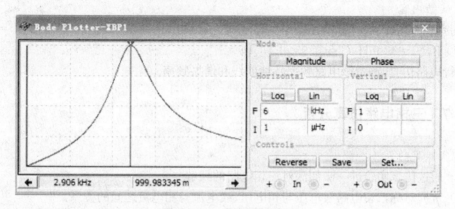

图 3.5.35　幅频特性曲线

（选择较高的分辨率有助于测量值的精确）

②　观察幅频特性曲线。

将横坐标及纵坐标均点击"Lin"键，即选择线性刻度。并且将默认的横、纵坐标取值范围分别改为 1 μHz～6 kHz 和 0～1。移动标尺至幅频特性曲线最高点位置，如图 3.5.35 所示，即谐振频率位置。

从显示屏下方可读出，谐振频率为 2.906 kHz，在谐振频率下纵坐标为 0.999 98（即 $\dfrac{U_R}{U}$

≈ 1）。理论谐振频率 $f_0 = \dfrac{1}{2\pi \sqrt{LC}} = \dfrac{1}{2\pi \times \sqrt{30 \times 10^{-3} H \times 0.1 \times 10^{-6} F}} \approx 2.907\,\mathrm{kHz}$，谐振频率实测值与理论值基本相符。

③　观察相频特性曲线。

单击波特图示仪面板上的"Phase"键，即选择观察相频特性曲线。其纵坐标为相角，单位为"度"，将其范围设置为 －90～＋90；横坐标不变。此时相频特性曲线如图 3.5.36 所示。

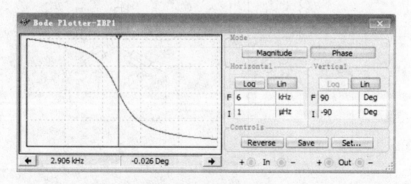

图 3.5.36　相频特性曲线

同样，利用标尺可以读出，当 $\dot{U}_R$ 与 $\dot{U}$ 同相，即纵坐标示数为 －0.026 度（接近 0）时，谐振频率为 2.906 kHz。

由该例可以看出，利用波特图示仪可以很方便地测得串联谐振电路的频率特性曲线。为使测得的数值精准，可自行决定横坐标、纵坐标为对数坐标或者线性坐标。

4) 实验内容

实验电路如图 3.5.32 所示,函数信号发生器输出正弦波,维持在有效值 $U = 1$ V,$R = 500\ \Omega, L = 40$ mH,$C = 0.05\ \mu$F。

进行电路仿真,测量该电路频率特性曲线和谐振频率。

3.5.7 三相电路仿真分析

1) 实验目的

(1) 通过仿真实验进一步加深对三相电路的理解。

(2) 掌握对称三相电路线电压与相电压、线电流与相电流之间的关系。

(3) 学会用 Multisim 10 仿真软件测量三相电路的电压、电流及功率的方法。

2) 实验原理

三相电路在实际生活中应用非常广泛。三相电路中负载的连接方法有两种,它们是星形(Y)接法和三角形(△)接法。

(1) 星形接法的负载电路(即电路一般是星形三相四线制电路):线电压是相电压的 $\sqrt{3}$ 倍($U_L = \sqrt{3} U_P$);线电流等于相电流($I_L = I_P$)。

(2) 三角形接法的负载电路(即电路一般是三相三线制电路):线电压等于相电压($U_L = U_P$);线电流是相电流的 $\sqrt{3}$ 倍($I_L = \sqrt{3} I_P$)。

(3) 三相交流电路有功功率的测量方法一般有三功率表法和二功率表法两种方法。

3) 仿真分析举例

现以图 3.5.37 所示电路,对星形接法的负载电路进行仿真分析,说明如下:

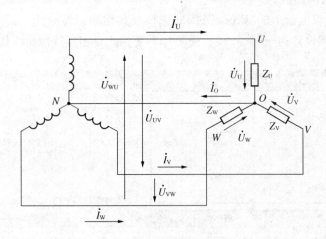

图 3.5.37　负载星形接法

(1) 新建一电路窗口,用鼠标单击电子仿真软件 Multisim 10 基本界面元器件工具栏中的"Source"(电源)器件库,在弹出的对话框中的"Family"栏下选取"POWER_SOURCES"(功率源),再在"Component"栏下选取"THREE_PHASE_WYE"(三相星形电压源),将其调出放置在电路窗口中。双击该图标,在弹出的对话框中选择"Value"项,先将其中"Voltage(L-N,RMS)"相线与中线的电压(即相电压)改为 220 V,再将其中"Frequency(F)"频率改为 50 Hz,最后单击"OK"按钮。

(2)在电路窗口中放置一个地线"GROUND";再调出指示型电流表、电压表各三个,双击其图标,在弹出的对话框中选择"Value"项,将其中"Mode"(模式)改为 AC。

(3)用鼠标单击元器件工具栏中"Indicator"(显示)器件库,在弹出的对话框中的"Family"栏下选取"VIRTUAL_LAMP",再在"Component"栏下选取"LAMP_VIRTUAL"(虚拟的灯泡),将其调出放置在电路窗口中。双击其图标,在弹出的对话框中选择"Value"项,首先将其中"Maximum Rated Votage(Volts)"(额定电压)改为 220 V,其次再将"Maximum Rated Power(Watts)"(额定功率)改为 200,最后单击"OK"按钮。然后再用相同方法再调出两个虚拟灯泡。

(4)用鼠标单击仪器工具栏中的"Wattmeter"(功率表),将其调出放置在电路窗口中,然后使用快捷键复制、粘贴两个放置电路窗口中。

(5)上述所有元器件都调出放置好后如图 3.5.38 所示,准备连接仿真电路,进行仿真分析。

在实际电路中,会遇到各种各样情况,如负载星形接法对称有中线或无中线;负载星形接法不对称有中线或无中线;负载三角形接法对称或不对称等等。下面列举几种情况进行仿真分析,进行电流、电压的测量。

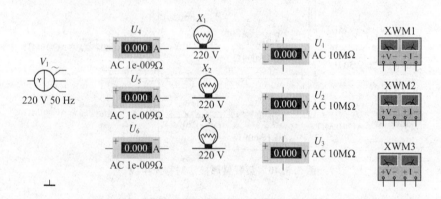

图 3.5.38 放置好的元器件

① 负载星形接法对称有中线情况,连线如图 3.5.39 所示。图中电压表的接法测量出的值是相电压,电流表的接法是测量相电流,又因负载是星形接线,测量出的相电流即是线电流。

② 负载星形接法对称无中线情况,连线如图 3.5.40 所示。

③ 负载星形接法不对称(U 相开路)有中线情况,连线如图 3.5.41 所示。

④ 负载星形接法不对称(U 相开路)无中线情况,连线如图 3.5.42 所示。

(6)测量三相电路的功率

图 3.5.43 所示电路为负载星形接法对称有中线三功率表法接线。用三功率表法测量各相负载的功率分别为 P_U、P_V 和 P_W,那么总功率为 $P = P_U + P_V + P_W$。

二功率表法适用于三相三线制,而且不管负载是否对称,也不管是星形还是三角形接法。图 3.5.44 为负载星形接法对称无中线二功率表接法,若二功率表读数为 P_1、P_2 那么电路总功率为 $P = P_1 + P_2$。将图 3.5.43、图 3.5.44 各电路连接好后,启动仿真开关,进行仿

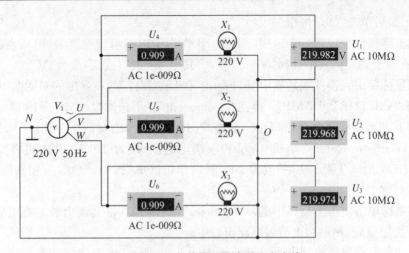

图 3.5.39　负载星形接法对称有中线

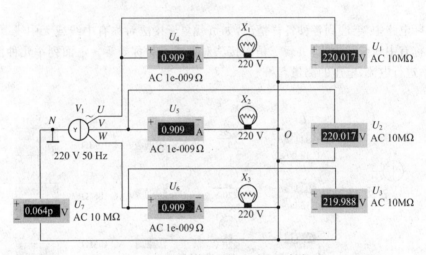

图 3.5.40　负载星形接法对称无中线

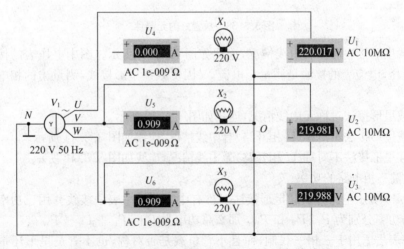

图 3.5.41　负载星形接法不对称(U 相开路)有中线

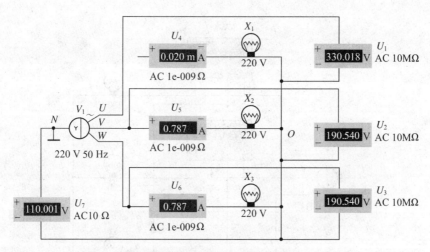

图 3.5.42　负载星形接法不对称(U 相开路)无中线

真分析。双击功率表图标,可显示测量结果。

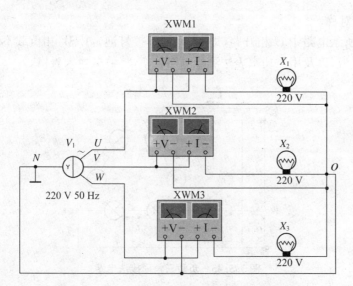

图 3.5.43　负载星形接法对称有中线三功率表法

4)实验内容

负载三角形接法的仿真分析

实验电路如图 3.5.45 所示,负载为三角形连接。建立完仿真电路后,根据要求进行仿真分析。

(1)负载对称

电路如图 3.5.45 所示,每相负载为二个相同的灯泡,其额定电压是 220 V,额定功率是 200 W。按表 3.5.6 所示,测量各线电压(即相电压)、线电流、相电流,以及用二功率表法测量电路功率,将数据填入表格。

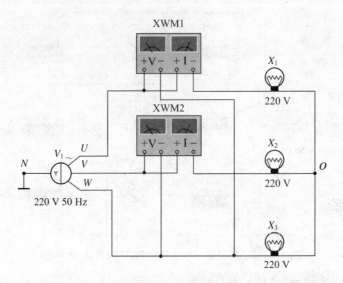

图 3.5.44 负载星形接法对称无中线二功率表法

（2）负载不对称

图 3.5.45 所示电路中 U 相开路（即 U、V 间不接灯泡），V、W 相负载不变，测量各线电压、线电流、相电流，以及用二功率表法测量电路功率，将数据填入表格。

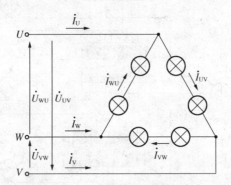

图 3.5.45 负载三角形接法电路

表 3.5.6

项　目	U_{UV} (V)	U_{VW} (V)	U_{WU} (V)	I_U (A)	I_V (A)	I_W (A)	I_{UV} (A)	I_{VW} (A)	I_{WU} (A)	P_1 (W)	P_2 (W)	$P_{总}$ (W)
负载对称												
负载不对称												

附录 THEE-1型高性能电工技术实验台介绍

THEE-1型高性能电工技术实验台,可用于进行"电工基础"和"电工学"的实验教学,它由带屏的实验桌和不同的可卸式组件板组成。现将其组件板及其使用方法简单介绍如下。

1) 漏电保护开关

漏电保护开关在实验台的左侧面,当漏电保护开关拨至合上位置时,实验台两侧单相三芯电源插座可提供单相220 V的交流电压,三相四芯插座可提供三相380 V的交流电压。

漏电保护开关起漏电保护作用,当实验出现错误操作,仪表和人身安全出现危险时,漏电保护开关自动断开,切断实验台总电源。平常漏电保护开关置于合上位置,不要经常进行合上、断开操作。

2) 三相交流电压源,0~240 V直流电压源

电源开关:分别为"启动"(绿色),"停止"(红色)按钮。

U_1、V_1、W_1、N_1:提供固定三相交流电压,线电压为380 V。

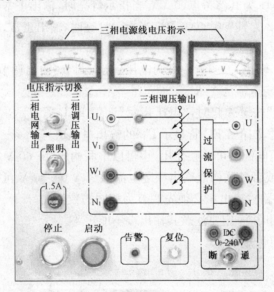

U、V、W、N:提供可调三相交流电压,其电压大小由实验台左侧面的三相自耦变压器手柄调节,平常手柄应按逆时针方向旋至零位。

电压指示切换:钮子开关拨至"三相电网输出"侧,三只指针式电压表指示固定三相交流电压(线电压)值;当钮子开关拨至"三相调压输出"侧,则三只指针式电压表指示可调三相交流电压(线电压)值.

DC 0~240 V:提供可调直流电压,当其钮子开关拨至"通"位置,调节三相自耦变压器手柄,可改变直流电压的大小。

照明:当其钮子开关拨至向上时,为实验台提供照明的日光灯亮。

当三相交流电压输出过流或短路时,保护动作,自动切断电源,"告警"灯亮,且发出告警声,此时应先按下"复位"按钮,才能重新合上"启动"开关。

3）直流稳压电源（电压源）

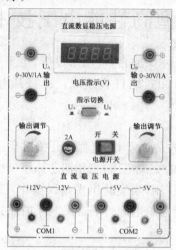

当"电源开关"开时，各直流稳压电源输出端即有电压输出。

固定直流稳压电源：

±12 V 输出，COM1 为其参考点（0 V），当指示灯亮时，输出正常。

±5 V 输出，COM2 为其参考点（0 V），当指示灯亮时，输出正常。

可调直流稳压电源：

两路（U_A 输出，U_B 输出）0～30 V 可调电压输出，调节"输出调节"旋钮，可改变输出电压的大小，各路输出额定电流为 1 A。

当电压"指示切换"按键弹起时，"电压指示"四位 LED 管显示出 U_A 的输出电压值，将"指示切换"按键按下时，四位 LED 管显示 U_B 的输出电压值。

两路可调直流稳压电源既可单独使用，也可以串联构成 0～60 V 可调稳压电源使用，输出额定电流仍为 1 A，或者并联构成输出额定电流为 2 A，0～30 V 可调稳压电源使用（注意并联使用时，U_A、U_B 两路输出电压必须先调节为相同的数值）。

直流稳压电压使用时，一定要注意其输出端不能短路。

4）直流恒流源（电流源）

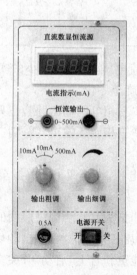

当"恒流输出"端接有负载、"电源开关"开时(注意:前面应已按下"启动"按钮),即有恒定电流输出。恒流输出范围为 0～500 mA,"＋"、"－"端分别为直流电流的流出端和流入端。

通过切换"输出粗调"转换开关和调节"输出细调"旋钮,可在三档(10 mA、100 mA 和 500 mA)内连续调节输出电流的大小,输出电流的大小由"电流指示"四位 LED 管显示。

使用时应注意:当电流源输出端接有负载时,如需将"输出粗调"转换开关从低档向高档切换,则应先将"输出细调"旋钮旋至最小(左旋到底),然后再转动"输出粗调"转换开关,否则会因输出电流或电压突增,可能导致负载器件的损坏。

5) 直流电压表、直流电流表

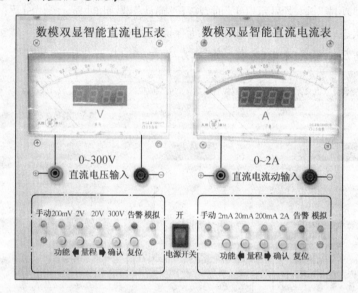

该板上仪表使用时,应先合上"电源开关",预热数分钟。

直流电压表和直流电流表均为数模双显仪表,即可采用四位 LED 管数字显示测量值(数显下可对测量数据进行存储、查询和清除),也可采用模拟(指针式)显示测量值。

直流电压表测量范围为 0～300 V,分为 200 mV、2 V、20 V、300 V 四档量程,量程可自动切换,或采用手动选择,仪表准确度为 0.5 级。

直流电流表测量范围为 0～2 A,分为 2 mA、20 mA、200 mA、2 A 四档量程,量程可自动切换,或采用手动选择,仪表准确度为 0.5 级。

按键的使用方法:

(1) 数字显示和模拟显示的切换

当"电源开关"合上后,或仪表在使用过程中按下"复位"键,仪表即处于初始化,为数字显示、自动选择量程状态。

在数字显示状态下,按"确认"键,则改为模拟显示,此时"模拟"灯亮。

在模拟显示状态下,按"复位"键,则改为数字显示,此时"模拟"灯灭。

(2) 手动选择量程

仪表不论数字显示,还是模拟显示,初始化均为自动选择量程,仪表在某量程下,相应的指示灯亮。

若欲手动选择量程,则可按"⇦"或"⇨"键。按"⇦"键,为向下切换量程;按"⇨"键,为向上切换量程。处于手动选择量程时,"手动"灯亮。

如果手动选择量程不当,被测量超过量程时,则"告警"灯亮,且发出告警声。此时,应按"复位"键复位,则消除告警,告警灯灭,仪表复位为数字显示,自动选择量程状态。

(3) 数字显示下,数据的存储、查询和清零

存储:按动"功能"键,当显示为"SAVE"时,按下"确认"键,此时显示数字或字母(1、2、…、E、F,表示存储数据的序号),则存储成功(总共可存储 15 个数据)。

查询:按动"功能"键,当显示为"DISP"时,按下"确认"键,此时显示存储数据的序号,再按"确认"键,则显示存储的数据。连续按动"确认"键,可对所存储的数据进行循环查询。

清零:按动"功能"键,当显示为"CL"时,按下"确认"键,此时显示为"SU";再按"确认"键,回到自动测量状态;再按"复位"键,则此时所存储的数据被清零。

6) 交流电压表、交流电流表、交流功率表

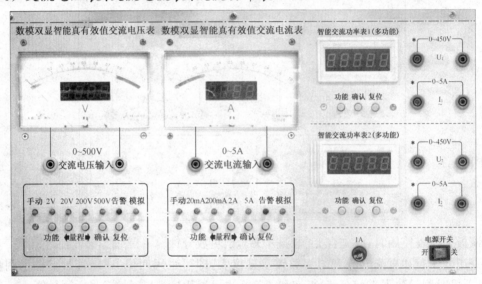

该板上仪表使用时,应先合上右下角的"电源开关",预热数分钟。

(1) 交流电压表、交流电流表

交流电压表和交流电流表均为数模双显式仪表,可采用四位 LED 管数字显示测量值(数显下可对测量数据进行存储、查询和清除),也可采用模拟(指针式)显示测量值。测量值为电压或电流的真有效值。

交流电压表测量范围为 0～500 V,分为 2 V、20 V、200 V、500 V 四档量程,量程可自动切换或采用手动选择,仪表准确度为 0.5 级。

交流电流表测量范围为 0～5 A,分为 20 mA、200 mA、2 A、5 A 四档量程,量程可自动切换或采用自动选择,仪表准确度为 0.5 级。

按键的使用方法:

① 数字显示和模拟显示的切换

当"电源开关"合上后,或仪表在使用过程中按下"复位"键,仪表即处于初始化,为数字显示、自动选择量程状态。

在数字显示状态下,按"确认"键,则改为模拟显示,此时"模拟"灯亮。

在模拟显示状态下,按"复位"键,则改为数字显示,此时"模拟"灯灭。

② 手动选择量程

仪表不论数字显示还是模拟显示,初始化均为自动选择量程。仪表在某量程下,相应的指示灯亮。

若欲手动选择量程,则可按"⇦"或"⇨"键。按"⇦"键,为向下切换量程;按"⇨"键,为向上切换量程。处于手动选择量程时,"手动"灯亮。

如果手动选择量程不当,被测量超过量程时,则"告警"灯亮,且发出告警声。此时应按"复位"键复位,则消除告警,告警灯灭,仪表复位为数字显示、自动选择量程状态。

③ 数字显示下,数据的存储、查询和清零

存储:按动"功能"键,当显示为"SAVE"时,按下"确认"键,此时显示数字或字母(1、2、…、E、F,表示存储数据的序号),则存储成功(总共可存储 15 个数据)。

查询:按动"功能"键,当显示为"DISP"时,按下"确认"键,此时显示存储数据的序号,再按"确认"键,则显示存储的数据。连续按"确认"键,可对所存储的数据进行循环查询。

清零:按动"功能"键,当显示"CL"时,按下"确认"键,此时显示为"SU";再按"确认"键,回到自动测量状态;再按"复位"键,则此时所存储的数据被清零。

(2) 交流功率表(多功能)

该交流功率表实际上是一个多功能的测量仪表,它不仅可以测量有功功率,还可以测量交流电压及电流、功率因数、无功功率、频率等。它采用数字显示,且可对测量的数据进行存储、查询和清除。

量程范围:电压 0~450 V;电流 0~5 A

测量准确度:0.5 级

交流功率表的连接方法:

交流功率表的电流线圈应与被测负载相串联,电压线圈应与被测负载相并联,"∗"为发电机端(又称同名端),连线时,电流线圈的"∗"端必须接在电源的一侧,另一端接至负载,电压线圈的"∗"端可接在电流线圈的任意一端。

按键的使用方法:

仪表有"功能"、"确认"、"复位"三个按键,当合上电源或按"复位"键后,仪表初始化为有功功率测量状态。

"功能"键是仪表各种测量功能的选择键。若连续按动该键,则 5 只 LED 数码管将显示 9 种不同的符号,各代表不同的功能,分别为

P 有功功率	U 电压	I 电流
COS 功率因数及负载性质	q. 无功功率	F 频率
DISP 数据查询	SAVE 数据存储	O 升级备用

① 测量功能的选择

在按动"功能"键选定某一测量功能后,按一下"确认"键,则显示在该功能下的测量数据。

在任何状态下,只要按下"复位"键,仪表便恢复到有功功率测量状态。

② 数据的存储和查询

数据存储:按动"功能"键,当显示为"SAVE"时按下"确认"键,此时显示数字或字母(1、2、…、E、F,即存储数据的组号),则存储成功。

数据查询:按动"功能"键,当显示为"DISP"时按下"确认"键,此时显示存储数据的组号

（出左起第一位 LED 管表示），负载的性质（由左起第二位 LED 管表示），以及功率因数值（由后三位 LED 管表示），再按"确认"键，则此时显示同组的有功功率值。如果连续按动"确认"键，可对各组所存储的数据进行循环查询。

7) 元器件板（HE‐11）

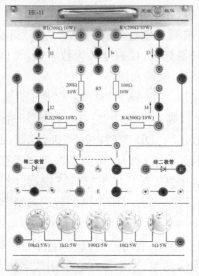

元器件板中画有连线的表示已作连接，未画连线的地方，实验时应按需要自行连接。

实验时电压源、电流源需外接。

直流电流测量时，电流插头的红线、黑线分别接至直流电流表的正极和负极，电流插头插入电流插口中，测得电流为电流插口旁所示参考方向下的数值。如直流电流表采用模拟显示，指针反偏，则应交换直流电流表"＋"、"－"极接线，将测量值记为负值。

钮子开关为双刀双掷开关，向下连接至直流电压 E，向上接至短路线。

五位十进制电阻箱，电阻值可在 0～99 999 Ω 间调节。

8) 元器件板（HE‐12）

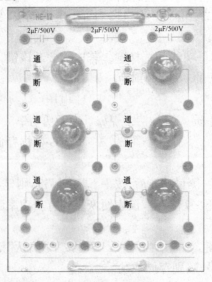

该板供做三相交流电路实验用。

U、V、W(黄、红、绿)各相负载为灯泡,各钮子开关用以连接或断开灯泡。

与各相负载串联的电流插口用于测量相电流(在星形接法下,相电流也即是线电流),最下面一排四个电流插口可用于测量三角形接法下 U、V、W 各线电流,以及星形接法下中线电流。

实验时三相交流电源需外接。

9) 元器件板(HE-13)

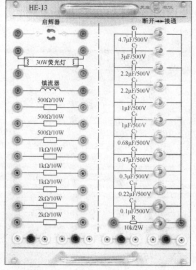

该板提供实验中常用的电阻、电容元件。

可变电容器组:其下端两个插孔为可变电容器组的接线端,当各电容器旁的钮子开关拨向右侧,则该电容器接上。当需要多个电容器进行并联,只需将所需的电容器旁的钮子开关均拨向右侧,则其等值电容为 $C=C_1+C_2+\cdots$。

该板上的萤光灯、镇流器、启动器可用作为日光灯实验;镇流器也可用作为交流电路元件参数的测量实验。

该板最下一排提供有 4 个电流插口,为方便电流测量之用。

10) 双口网络和受控源板(HE-14)

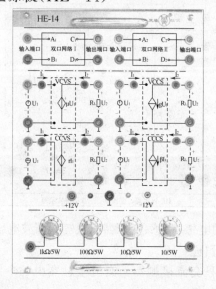

双口网络:两个双口网络均为无源线性双口网络,可供作双口网络参数测量实验用。

受控源:有 4 个受控源,分别是 VCVS(电压控制电压源),VCCS(电压控制电流源),CCVS(电流控制电压源),CCCS(电流控制电流源)。受控源工作时必须外接±12 V 直流稳压电源,且注意电源极性不能接错。

该板下部有四位十进制电阻箱,电阻值可在 $0\sim9\ 999\ \Omega$ 之间调节,可用作为受控源的负载。

11)元器件板(HE‐15)

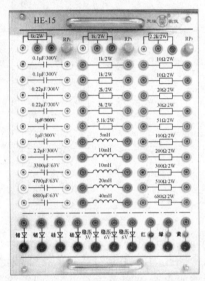

该板上提供多个常用电阻、电容、电位器、二极管、稳压管等,可供各个实验用。

12)电感、变压器、三次谐波电源实验箱(HE‐16)

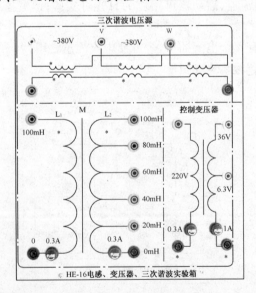

该实验箱提供实验用的电感、互感、变压器以及三次谐波电压源。

13)接触器实验箱(HE‐17)

交流接触器:箱上有二只交流接触器。交流接触器由一个铁芯线圈(线圈额定电压为

220 V),三个主触点,四个辅助触点(其中二个为常开触点、二个为常闭触点)构成。主触点接于主电路中,对电动机起连通或者断开用,线圈和辅助触点接于控制电路中。

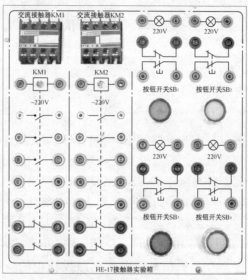

按钮开关:箱上共有四只复式按钮开关,用于接通或断开控制电路,从而控制电动机的运行。复式按钮有常开触点和常闭触点各一个。

14) 继电器实验箱(HE-18)

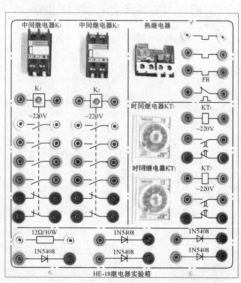

箱上有两个中间继电器,一个热继电器,两个时间继电器。

中间继电器:由铁芯线圈(线圈额定电压为 220 V)和多个触点(常开和常闭触点)构成,是用来传递信号和同时控制多个电路的电磁电器,使用时接在控制电路中。

热继电器:是利用电流的热效应而动作的自动电器,其三个发热元件接在主电路中,触点(常开或常闭触点)接于控制电路中,能防止电机长期过载工作,起到过载保护作用。

时间继电器:为电子式通电延时型时间继电器,由线圈(额定电压为 220 V)、常开触点、常闭触点和延时时间调节旋钮构成,最大延时时间为 60 s,时间继电器使用时接在控制电路中。

参 考 文 献

1　黄筱霞主编. 电工测量技术与电路实验. 广州:华南理工大学出版社,2006

2　徐国华主编. 电路实验教程. 北京:北京航空航天大学出版社,2005

3　马全喜主编. 电子元器件与电子实习. 北京:机械工业出版社,2006

4　李桂安主编. 电工电子实践初步. 南京:东南大学出版社,1999

5　王澄非主编. 电路与数字逻辑设计实践. 南京:东南大学出版社,2002

6　王冠华,王伊娜. Multisim 8 电路设计及应用. 北京:国防工业出版社,2006

7　聂典主编. Multisim 9 计算机仿真在电子电路设计中的应用. 北京:电子工业出版社,2007

8　黄培根,任清褒. Multisim 10 计算机模拟仿真实验室. 北京:电子工业出版社,2008

9　邱关源主编. 电路(第五版). 北京:高等教育出版社,2006

10　秦曾煌主编. 电工学(上册). 电工技术(第六版). 北京:高等教育出版社,2003